农作物病虫害识别与绿色防控丛书

小麦病虫害识别与绿色防控图谱

张玉华　胡　锐　主编

河南科学技术出版社
·郑州·

内容提要

本书共精选对小麦产量和品质影响较大的34种主要病虫害原色图片及绿色防控技术等图片600余张，重点突出病害田间发展和害虫不同时期的症状识别特征，详细描述了每种病虫害的分布区域、症状（形态）特点、发生规律及绿色防控技术，提出了小麦主要病虫害绿色防控技术模式。并介绍了田间常用的植物保护机械地面机、无人机性能特点，主要技术参数及使用注意事项。本书内容丰富，图片清晰，图文并茂，文字浅显易懂，技术先进实用，适合广大农业（植物保护）技术推广人员、农业院校师生、各类农业社会化服务组织人员、种植大户以及农资生产销售人员阅读使用。

图书在版编目（CIP）数据

小麦病虫害识别与绿色防控图谱 / 张玉华, 胡锐主编. — 郑州 : 河南科学技术出版社，2021.8

（农作物病虫害识别与绿色防控丛书）

ISBN 978-7-5725-0524-9

Ⅰ. ①小…　Ⅱ. ①张…　②胡…　Ⅲ. ①小麦–病虫害防治–无污染技术–图谱　Ⅳ. ①S435.12-64

中国版本图书馆CIP数据核字（2021）第142630号

出版发行：河南科学技术出版社

地址：郑州市郑东新区祥盛街27号　　邮编：450016

电话：（0371）65737028 65788613

网址：www.hnstp.cn

策划编辑：陈淑芹　杨秀芳　编辑信箱：hnstpnys@126.com

责任编辑：陈　艳

责任校对：郭晓仙

装帧设计：张德琛

责任印制：张艳芳

印　　刷：河南瑞之光印刷股份有限公司

经　　销：全国新华书店

开　　本：890 mm × 1240 mm　1/32　　印张：8.25　　字数：280千字

版　　次：2021年8月第1版　　2021年8月第1次印刷

定　　价：49.00 元

农作物病虫害识别与绿色防控丛书

编撰委员会

总编辑：吕国强

委　员：赵文新　彭　红　李巧芝　张玉华　王　燕　王朝阳
　　　　朱志刚　柴俊霞　闵　红　胡　锐

《小麦病虫害识别与绿色防控图谱》

编写人员

主　　编：张玉华　胡　锐

副 主 编：（按照姓氏笔画排列）
　　　　马海平　王　敏　邢帅军　刘志强　刘艳丽　苏　丽
　　　　张　浩　张有铎　赵二红　赵晓峰　胡俊芳　袁　伟
　　　　贾述娟　董世界

编　　者：（按照姓氏笔画排列）
　　　　马海平　王　敏　孔祥云　邢帅军　刘　勇　刘　静
　　　　刘志强　刘艳丽　苏　丽　李靖华　杨艳丽　吴晓宁
　　　　张　浩　张　鹏　张玉华　张有铎　张建伟　赵二红
　　　　赵晓峰　赵慧媛　胡　锐　胡俊芳　袁　伟　贾述娟
　　　　崔秀霞　彭艳丽　董世界　樊润峰

总编辑　吕国强

吕国强，男，大学本科学历，现任河南省植保植检站党支部书记、二级研究员，兼河南农业大学硕士研究生导师、河南省植物病理学会副理事长。长期从事植保科研与推广工作，在农作物病虫害预测预报与防治技术研究领域有较高造诣和丰富经验，先后主持及参加完成30多项省部级重点植保科研项目，获国家科技进步二等奖1项（第三名）、省部级科技成果一等奖5项（其中2项为第一完成人）、二等奖7项（其中2项为第一完成人）、三等奖9项。主编出版专著26部，其中《河南蝗虫灾害史》《河南农业病虫原色图谱》被评为河南省自然科学优秀学术著作一等奖；作为独著或第一作者，在《华北农学报》《植物保护》《中国植保导刊》等中文核心期刊发表学术论文60余篇；先后18次受到省部级以上荣誉表彰。为享受国务院政府特殊津贴专家、河南省优秀专家、河南省学术技术带头人，全国粮食生产突出贡献农业科技人员、河南省粮食生产先进工作者、河南省杰出专业技术人才，享受省（部）级劳动模范待遇。

本书主编　张玉华

张玉华，男，河南延津人，1965 年 6 月生，硕士研究生学历，现任焦作市植保植检站站长，三级研究员，兼任河南省植物病理学会理事。长期以来，一直在基层从事植保科研与推广工作，对农作物病虫害发生规律及防治技术有较深研究，先后有 10 项科研成果获省部级奖励，出版专业著作 9 部，其中主编 1 部，副主编 5 部，作为副主编编纂的《河南蝗虫灾害史》被评为河南省第三届自然科学优秀学术著作一等奖，在《微生物学报》《中国植保导刊》《河南农业科学》等中文核心期刊发表学术论文 22 篇。为河南省学术技术带头人、焦作市优秀青年科技专家、焦作市市管专家。

本书主编　胡锐

胡锐，女，河南郑州人，1974 年 6 月生，大学本科学历、农业推广硕士，现任郑州市植保植检站副站长、高级农艺师，兼河南省植物病理学会理事。多年来，一直从事农作物病虫害测报与防治工作，参加完成 10 余项省市级重点科研攻关项目，获省部级科技成果奖 3 项，市厅级成果 5 项。作为第一作者，在《中国植保导刊》《河南农业科学》等省级以上刊物发表论文 26 篇，编著出版《中国农业病虫草害原色图解》《河南农业病虫原色图谱》等植保专著 20 余部（其中主编 4 部），编写河南省地方标准 2 个，为郑州市学术技术带头人。

总序

我国是世界上农业生物灾害发生最严重的国家之一，常年发生的农作物病、虫、鼠、草害多达1 700种，其中可造成严重损失的有100多种，有53种属于全球100种最具危害性的有害生物。许多重大病虫一旦暴发成灾，不仅危害农业生产，而且影响食品安全、人身健康、生态环境、产品贸易、经济发展乃至公共安全。小麦条锈病、马铃薯晚疫病的跨区流行和东亚飞蝗、稻飞虱、稻纵卷叶螟、棉铃虫的暴发危害都曾给农业生产带来过毁灭性的损失；小麦赤霉病和玉米穗腐病不仅影响粮食产量，其病原菌产生的毒素还可导致人畜中毒和致癌、致畸。2019年联合国粮农组织全球预警的重大农业害虫——草地贪夜蛾入侵我国，当年该虫害波及范围就达26个省（市、自治区）的1 540个县（市、区），对国家粮食安全构成极大威胁。专家预测，未来相当长时期内，农作物病虫害发生将呈持续加重态势，监测防控任务会更加繁重。

长期以来，我国控制农业病虫害的主要手段是采取化学防治措施，化学农药在快速有效控制重大病虫危害、确保农业增产增收方面发挥了重要作用，但长期大量不合理地使用化学农药，会导致环境污染、作物药害、生态环境破坏等不良后果，同时通过食物链的富集作用，造成农畜产品农药残留，进而威胁人类健康。

随着国内农业生产中农药污染事件的频繁发生和农产品质量安全问题的日益凸显，兼顾资源节约和环境友好的绿色防控技术应运而生。2006年以来，我国提出了"公共植保、绿色植保"新理念，开启了农作物病虫害绿色防控的新征程。2011年，农业部印发《关于推进农作物病虫害绿色防控的意见》，随后将绿色防控作为推进现代植保体系建设、实施农药和化肥"双减行动"的重要内容。党的十八届五中全会提出了绿色发展新理念，2017年，中共中央办公厅、国务院办公厅印发《关于创新体制机制推进农业绿色发展的意见》，提出要强化病虫害全程绿色防控，有力推动绿色防控技术的应用。2019年，农业农村部、国家发展改革委、科技部、财政部等七部（委、局）联合印发《国家质量兴农战略规划（2018—2022年）》，提出实施绿色防控替代化学防治行动，建设绿色防控示范县，推动整县推进绿色防控工作。在新发展理念和一系列政策的推动下，各级植保部门积极开拓创新，加大研发力度，初步集成了不同生态区域、不同作物为主线的多个绿色防控技术模式，其示范和推广面积也不断扩大，到2020年底，我国主要农作物病虫害绿色防控应用面积超过8亿亩，绿色防控覆盖率达到40%以上，为促进农业绿色高质量发展发挥了重要作用。但尽管如此，从整体来讲，目前我国绿色防控主要依靠项目推动、以示范展示为主的状况尚未根本改变，无论从干部群众的认知程度、还是实际应用规模和效果均与农业绿色发展的迫切需求有较大差距。

为了更好地宣传绿色防控理念，扩大从业人员绿色防控视野，传播绿色防控相关技术和知识，助力推进农业绿色化、优质化、特色化、品牌化，我们组织有关专家编写了这套“农作物病虫害识别与绿色防控”丛书。

本套丛书共有小麦、玉米、水稻、花生、大豆5个分册，每个分册重点介绍对其产量和品质影响较大的病虫害40~60种，除精选每种病虫害各个时期田间识别特征图片，详细介绍其分布区域、形态（症状）特点、发生规律外，重点丰富了绿色防控技术的有关内容以及配图，提出了该作物主要病虫害绿色防控技术模式。同时，还介绍了田间常用高效植保器械的性能特点、主要技术参数及使用注意事项。内容全面，图文并茂，文字浅显易懂，技术先进实用。适合广大农业（植保）技术推广人员、农业院校师生、各类农业社会化服务组织人员、种植大户以及农资生产销售人员阅读使用。

各分册主创人员均为省内知名专家，有较强的学术造诣和丰富的实践经验。河南省植保推广系统广大科技人员通力合作，为编委会收集提供了大量基础数据和图片资料，在此一并致谢！

希望这套图书的出版对于推动我省乃至我国农业绿色高质量发展能够起到积极作用。

河南省植保植检站　二级研究员

河南省植物病理学会 副理事长　吕国强

享受国务院政府 特殊津贴专家

2020年11月

前言

小麦是我国的主要粮食作物，常年种植面积约占粮食作物总面积的1/4，总产量超过1亿t，位居世界第一。小麦从播种到收获经历多个季节，生产周期长达8个月，病虫害种类多而复杂，为害期长，成灾频率高。尤其是小麦条锈病、赤霉病、吸浆虫等重大病虫害，一旦暴发成灾，不仅为害农业生产，而且影响食品安全、人身健康、生态环境、产品贸易、经济发展乃至公共安全。

准确进行田间识别并及时、科学、有效地控制病虫害，是确保小麦生产安全的重要环节。由于病虫害防控时效性强，技术要求高，加之目前我国从事农业生产的劳动者病虫害识别能力有限，因混淆病虫害而错用或误用农药的情况时有发生，迫切需要一部浅显易懂、图文并茂的专业工具书。基于此，我们编写了这本《小麦病虫害识别与绿色防控图谱》，以服务读者。

本书共精选对小麦产量和品质影响较大的34种主要病虫害原色图片及绿色防控技术等图片600余张，重点突出病害田间发展和害虫不同时期的症状识别特征，详细描述了每种病虫害的分布区域、症状（形态）特点、发生规律及绿色防控技术，并介绍了田间常用的植物保护机械地面机、无人机性能特点，主要技术参数及使用注意事项，提出了小麦主要病虫害绿色防控技术模式，力求做到文字浅显易懂、图文并茂、技术先进实用，适合各级农业技术人员、植物保护专业化服务组织（合作社）、种植大户和广大农民群众阅读。

在本书的编写过程中，得到了河南省植物保护推广系统广大科技人员的大力支持，在此一并致谢！由于编者水平有限，加之受基层拍摄设备等因素的限制，书中图片所展示的病虫害种类距生产实际尚有一定差距，图片、文字资料若有谬误之处，敬请广大读者、同行谅解并批评指正。

编者

2020年11月

目录

第一部分 农作物病虫害绿色防控概述

（一）绿色防控技术的形成与发展

农作物病虫害的发生为害是影响农业生产的重要制约因素，使用化学农药防治病虫害在传统防治中曾占有重要地位，对确保农业增产增收起到了重要作用。2012 ~ 2014 年农药年均使用量约 31.1 万 t，比 2009 ~ 2011 年增长 9.2%，单位面积农药使用量约为世界平均水平的 2.5 倍，虽然在 2016 年以来农药使用量趋于下降，但总量依然很大。长期大量不合理使用化学农药，会引起环境污染、作物药害，破坏生态平衡，同时通过食物链的富集作用，会造成农产品及人畜农药残留，威胁人类健康。

随着国内农业生产中农药污染事件的频繁发生和农产品质量安全问题的日益凸显，兼顾资源节约和环境友好的绿色防控技术应运而生，并越来越多地应用于现代植保工作中。2015 年农业部（现农业农村部）发布《到 2020 年农药使用量零增长行动方案》，提出依靠科技进步，加快转变病虫害防控方式，强化农业绿色发展，推进农药减量控害，重点采取绿色防控措施，控制病虫发生为害，到 2020 年，力争实现农药使用总量零增长。“十三五”规划提出“实施藏粮于地、藏粮于技”战略，推进病虫害绿色防控。2019 年中央 1 号文件提出“实现化肥农药使用量负增长”，进一步强化了通过绿色防治持续控制病虫害的指导思想。

绿色防控技术以生态调控为基础，通过综合使用各项绿色植保措施，包括农业、生态、生物、物理、化学等防控技术，达到有效、经济、安全地防控农作物病虫害，从而减少化学农药用量，保护生态环境，保证农产品无污染，实现农业可持续发展。对农作物病虫害实施绿色防控，是推进“高产、优质、高效、生态、安全”的现代农业建设，转变农业增长方式，提高我国农产品国际竞争力，促进农民收入持续增长的必然要求。

自 2006 年全国植保工作会议提出“公共植保、绿色植保”的理念以来，我国植保工作者积极开拓创新，大力开发农作物病虫害绿色防控技术，建立了一套较为完善的技术体系，并在农业生产中形成了以不同生态区域、不同作物为主线的技术模式。绿色防控技术推广应用范围不断扩大，涉及水稻、小麦、玉米、马铃薯、棉花、大豆、花生、蔬菜、果树、茶树等主要农作物。截至 2016 年，全国农作物病虫害绿色防控覆盖率达到 25.2%，为减少化学农药的使用量、降低农产品的农药残留、保护生态环境做出了积极贡献。但是总的来说，我国的绿色防控技术还处于示范推广阶段，尚未全面实施，绿色防控技术实施的推进速度与农产品质量安全和生态环境安全的迫切需求还有较大差距。

（二）绿色防控的定义

农作物病虫害绿色防控，是指以确保农业生产、农产品质量和农业生态环境安全为目标，以减少化学农药使用量为目的，优先采取农业措施、生态调控、理化诱控、生物防治和科学用药等环境友好、生态兼容型技术和方法，将农作物病虫害等有害生物为害损失控制在允许水平的植保行为。

绿色防控是在生态学理论指导下的农业有害生物综合防治技术的概括，是对有害生物综合治理和我国植保方针的深化和发展。推进农作物病虫害绿色防控，是贯彻绿色植保理念，促进质量兴农、绿色兴农、品牌强农的关键措施。

（三）绿色防控的功能

对农作物病虫害开展绿色防控，通过采取环境友好型技术措施控制病虫为害，能够最大限度地降低现代病虫害防治技术的间接成本，达到生态效益和社会效益的最佳效果。

绿色防控是避免农药残留超标、保障农产品质量安全的重要途径。通过推广农业、物理、生态和生物防治技术，特别是集成应用抗病虫良种和趋利避害栽培技术，以及物理阻断、理化诱杀等非化学防治的农作物病虫害绿色防控技术，有助于减少化学农药的使用量，降低农产品农药残留超标风险，控制农业面源污染，保护农业生态环境安全。

绿色防控是控制重大病虫为害、保障主要农产品供给的迫切需要。

农作物病虫害绿色防控是适应农村经济发展新形势、新变化和发展现代农业的新要求而产生的，大力推进农作物病虫害绿色防控，有助于提高病虫害防控的装备水平和科技含量，有助于进一步明确主攻对象和关键防治技术，提高防治效果，把病虫为害损失控制在较低水平。

绿色防控是降低农产品生产成本、提升种植效益的重要措施。防治农作物病虫害单纯依赖化学农药，不仅防治次数多、成本高，而且还会造成病虫害抗药性增强，进一步加大农药使用量。大规模推广农作物病虫害绿色防控技术，可显著减少化学农药使用量，提高种植效益，促进农民增收。

（四）实施绿色防控的意义

党的十九大提出了绿色发展和乡村振兴战略。推广绿色农业是绿色发展理念和生态文明建设战略等国家顶层设计在农业上的具体实践，有利于推进农业供给侧结构性改革，是适应居民消费质量升级的大趋势，对缓解我国农业发展面临的资源与环境约束以及满足社会高品质农产品需求具有重要现实意义。

实施农作物病虫害绿色防控，是贯彻“预防为主、综合防治”的植保方针和“公共植保、绿色植保”的植保理念的具体行动，是提高病虫防治效益、确保农业增效、农作物增产、农民增收的技术保障，是保障农业生产安全、农产品质量安全、农业生态环境安全的有效途径，是实现绿色农业生产、推进现代农业科技进步和生态文明建设的重大举措，是维护生态平衡、保证人畜健康、促进人与自然和谐发展的重要手段。

（五）绿色防控技术原则

树立“科学植保、公共植保、绿色植保”理念，贯彻“预防为主、综合防治”的植保方针，依靠科技进步，以农业防治为基础，生物防治、物理防治、化学防治和生态调控措施相结合，借助先进植保机械和科学用药、精准施药技术，通过开展植保专业化统防统治的方式，科学有效地控制农作物病虫为害，保障农业生产安全、农产品质量安全和农业生态环境安全。

（六）绿色防控的基本策略

绿色防控以生态学原理为基础，把有害生物作为其所在生态系统的一个组成部分来研究和控制。强调各种防治方法的有机协调，尤其是强调最大限度地利用自然调控因素，尽量减少使用化学农药。强调对有害生物的数量进行调控，不强调彻底消灭，注重生态平衡。

1. 强调农业栽培措施　从土壤、肥料、水、品种和栽培措施等方面入手，培育健康作物。培育健康的土壤生态，良好的土壤生态是农作物健康生长的基础。采用抗性或耐性品种，抵抗病虫害侵染。采用适当的肥料、水以及间作、套种等科学栽培措施，创造不利于病虫生长和发育的条件，从而抑制病虫害的发生与为害。

2. 强调病虫害预防　从生态学入手，改造病菌的滋生地和害虫的虫源地，破坏病虫害的生态循环，减少菌源或虫源量，从而减轻病虫害的发生或流行。根据病害的循环周期以及害虫的生活史，采取物理、生态或化学调控措施，破坏病虫繁殖的关键环节，从而抑制病虫害的发生。

3. 强调发挥农田生态服务功能　发挥农田生态系统的服务功能，其核心是充分保护和利用生物多样性，降低病虫害的发生程度。既要重视土壤和田间的生物多样性保护和利用，同时也要注重田边地头的生物多样性保护和利用。生物多样性的保护与利用不仅可以抑制田间病虫暴发成灾，而且可以在一定程度上抵御外来病虫害的入侵。

4. 强调生物防治的作用　绿色防控注重生物防治技术的采用与发挥生物防治的作用。通过农田生态系统设计和农艺措施的调整来保护与利用自然天敌，从而将病虫害控制在经济损失允许水平以内。也可以通过人工增殖和引进释放天敌，使用生物制剂来防治病虫害。

5. 强调科学用药技术　绿色防控注重采用生态友好型措施，但没有拒绝利用农药开展化学防治，强调科学合理使用农药。通过优先选用生物农药和环境友好型化学农药，采取对症下药、适时用药、精准施药、交替轮换、科学混配等技术，遵守农药安全使用间隔期，推广高效植保机械，开展植保专业化统防统治，最大限度降低农药使用造成的负面影响。

（七）绿色防控的指导思想

1. 加强生态系统的整体观念 农田众多的生物因子和非生物因子等构成一个生态系统，在该生态系统中，各个组成部分是相互依存、相互制约的。任何一个组成部分的变动，都会直接或间接地影响整个生态系统，从而改变病虫害种群的消长，甚至病虫害种类的组成。农作物病虫害等有害生物是农田生态系统中的一个组成部分，防治有害生物必须全面考虑整个生态系统，充分保护和利用农田生态系统的生物多样性。在实施病虫害防治时，涉及的是一个区域内的生物与非生物因子的合理镶嵌和多样化问题，不仅要考虑主要防控对象的发生动态规律和防治关键技术，还要考虑全局，将视野扩大到区域层次或更高层次。

绿色防控针对农业生态系统中所有有害生物，将农作物视为一个能将太阳的能量转化为可收获产品的系统。强调在有害生物发生前的预先处理和防控，通过所有适当的管理技术，如增加自然天敌、种植抗病虫作物、采用耕种管理措施、正确使用农药等限制有害生物的发生，创造有利于农作物生长发育，有利于发挥天敌等有益生物的控制作用，而不利于有害生物发展蔓延的生态环境。注重生态效益和社会效益的有机统一，实现农业生产的可持续发展。

2. 充分发挥自然控制因素的作用 自然控制因素包括生物因子和非生物自然因子。多年来，单纯依靠大量施用化学农药防治病虫害，所带来的害虫和病原菌抗药性增强、生态平衡破坏和环境污染等问题日益严峻。因此，在防治病虫害时，不仅需要考虑防治对象和被保护对象，还需要考虑对环境的保护和资源的再利用。要充分考虑整个生态体系中各物种间的相互关系，利用自然控制作用，减少化学药剂的使用，降低防治成本。当田间寄主或猎物较多时，天敌因生存条件比较充足，就会大量繁殖，种群数量急剧增加，寄主或猎物的种群又因为天敌的控制而逐渐减少，随后，天敌种群数量也会因为食物减少、营养不良而下降。这种相互制约，使生态系统可以自我调节，从而使整个生态系统维持相对稳定。保护和利用有益生物控制病虫害，就是要保持生态平衡，使病虫害得到有效控制。田间常见的有益生物如捕食性、寄生性天敌和微生物等，在一定条件下，可有效地将病虫控制在经济损失允许水平以下。

3. 协调应用各种防治方法　对病虫害的防治方法多种多样，协调应用就是要使其相辅相成。任何一种防治方法都存在一定的优缺点，在通常情况下，使用单一措施不可能长期有效地控制病虫害，需要通过各种防治方法的综合应用，更好地实现病虫害防治目标。但多种防治方法的应用不是单种防治方法的简单相加，也不是越多越好，如果机械叠加会产生矛盾，往往不能达到防治目的，而是要依据具体的目标生态系统，从整体出发，有针对性地选择运用和系统地安排农业、生物、物理、化学等必要的防治措施，从而达到辩证地结合应用，使所采用的防治方法之间取长补短，相辅相成。

4. 注重经济阈值及防治指标　有害生物与有益生物以及其他生物之同的协调进化是自然界中普遍存在的现象，应在满足人类长远物质需求的基础上，实现自然界中大部分生物的和谐共存。绿色防控的最终目的，不是将有害生物彻底消灭，而是将其种群密度维持在一定水平之下，即经济受害允许水平之下。所谓经济受害水平，是指某种有害生物引起经济损失的最低种群密度。经济阈值是为防止有害生物造成的损失达到经济受害水平，需要进行防治的有害生物密度。当有害生物的种群达到经济阈值时就必须进行防治，否则不必采取防治措施。防治指标是指需要采取防治措施以阻止有害生物达到造成经济损失的程度。一般来说，生产上防治任何一种有害生物都应讲究经济效益和经济阈值，即防治费用必须小于或等于因防治而获得的收益。

实践经验告诉我们，即使花费巨大的经济代价，最终还是难以彻底根除有害生物。自然规律要求我们必须正视有害生物的合理存在，设法把有害生物的数量和发生程度控制在较低水平，为天敌提供相互依赖的生存条件，减少农药用量，维护生态平衡。

5. 综合评价经济、社会和生态效益 农作物病虫害绿色防控不仅可以减少病虫为害造成的直接损失，而且由于防控技术对环境友好，对社会、生态环境都有十分明显的效益。对绿色防控技术的评价与其他病虫害防控措施评价一样，主要包括成本和收益两个方面，但如何科学合理地分析和评价绿色防控效益是一项非常困难和复杂的工作。

从投入成本分析，防控技术的使用包含了直接成本和间接成本。直接成本主要反映在农民采用该技术的资金投入上，是农民对病虫害防治决策关注的焦点。间接成本是由防控技术使用的外部效应产生的，主要是指环境和社会成本，如化学农药的大量使用造成了使用者中毒事故、农产品中过量的农药残留、天敌种群和农田自然生态的破坏、生物多样性的降低、土壤和地下水污染等一些环境或社会问题，这些问题均是化学农药使用的环境和社会成本的集中体现。

从防治收益分析，防控技术包括了直接收益和间接收益。直接收益主要指农民采用防控技术后所挽回损失而增加的直接经济收入。间接收益主要是环境效益和社会效益，如减少化学农药的使用而减少了使用者中毒事故，避免了农产品农药残留而提高了农产品品质，增加了天敌种群和生物多样性，改善了农田自然生态环境，等等。

绿色防控的直接成本和经济效益遵循传统的经济学规律，易于测算，而间接成本和社会效益、生态效益没有明晰的界定，在很多情况下只能推测而难于量化。因此，对于实施绿色防控效益评价，要控制追求短期经济效益的评价方法，改变以往单用杀死害虫百分率来评价防治效果的做法，应强调各项防治措施的协调和综合，用生态学、经济学、环境保护学观点来全面评价。

6. 树立可持续发展理念 可持续发展战略最基本的理念，是既要考虑当前发展的需要，又要考虑未来发展的需要，不以牺牲后代人的利益为代价来满足当代人的利益，同时还应追求代内公正，即一部分人的发展不应损害另一部分人的利益。要将绿色防控融入可持续发展和环境保护之中，扩大病虫害绿色防控的生态学尺度，利用各种生态手段，合理应用农业、生物、物理和化学等防治措施，对有害生物进行适当预防和控制，最大限度地发挥自然控制因素的作用，减少化学农药使用，尽可能地降低对作物、人类健康和环境所造成的为害，实现协调防治的整体效果和经济、社会和生态效益最大化。

（八）绿色防控技术体系

绿色防控的目标与发展安全农业的要求相一致，它强调以农业防治为基础，以生态控害为中心，广泛利用以物理、生物、生态为重点的控制手段，禁止使用高毒高残留农药，最大限度减少常规化学农药的使用量。病虫害发生前，综合运用农业、物理、生态和生物等方法，减少或避免病虫害的发生。病虫害发生后，及时使用高效、低毒、低残留农药，精准施药，把握安全间隔期，尽可能减少农药对环境和农产品的污染。防治措施的选择和防治策略的决策，应全面考虑经济效益、社会效益和生态效益，最大限度地确保农业生产安全、农业生态环境安全和农产品质量安全。

经过多年实践，我国农作物病虫害绿色防控通过防治技术的选择和组装配套，已初步形成了包括植物检疫、农业措施、理化诱控、生态调控、生物防治和科学用药等一套主要技术体系。

1. 植物检疫　植物检疫是国家或地区政府，为防止危险性有害生物随植物及其产品的人为引入和传播，保障农林业的安全，促进贸易发展，以法律手段和行政、技术措施强制实施的植保措施。植物检疫是一个综合的管理体系，涉及法律规范、国际贸易、行政管理、技术保障和信息管理等诸多方面，其内容涉及植保中的预防、杜绝或铲除等方面，其特点是从宏观整体上预防一切有害生物（尤其是本区域范围内没有的）的传入、定植与扩展，它通过阻止危险性有害生物的传入和扩散，达到避免植物遭受生物灾害为害的目的。

我国植物检疫分为国内检疫（内检）和国外检疫（外检）。国内检疫是防止国内原有的或新近从国外传入的检疫性有害生物扩展蔓延，将其封锁在一定范围内，并尽可能加以消灭。国外检疫是防止检疫性有害生物传入国内或携带出国。通过对植物及其产品在运输过程中进行检疫检验，发现带有被确定为检疫性有害生物时，即可采取禁止出入境、限制运输、进行消毒除害处理、改变输入植物材料用途等防范措施。一旦检疫性有害生物入侵,则应在未传播扩散前及时铲除。此外，在国内建立无病虫种苗基地，提供无病虫或不带检疫性有害生物的繁殖材料，则是防止有害生物传播的一项根本措施（图 1、图 2）。

图1　植物检疫

图2　集中销毁

2. 农业措施　农业措施或称为植物健康技术，是指通过科学的栽培管理技术，培育健壮植物，增强植物抗害、耐害和自身补偿能力，有目的地改变某些因子，从而控制有害生物种群数量，减少或避免有害生物侵染为害的可能性，达到稳产、高产、高效率、低成本之目的的一种植保措施。其最大优点是不需要过多的额外投入，且易与其他措施相配套。

绿色防控就是将病虫害防控工作作为人与自然和谐共生系统的重要组成部分，突出其对高效、生态、安全农业的保障作用。健康的作物是有害生物防治的基础，实现绿色防控首先应遵循栽培健康作物的原则，从培育健康的农作物和良好的农田生态环境入手，使植物生长健壮，并创造有利于天敌的生存繁衍而不利于病虫害发生的生态环境，只有这样才能事半功倍，病虫害的控制才能经济有效。主要做法有改进耕作制度、使用无害种苗、选用抗性良种、加强田间管理和安全收获等。

（1）培育健康土壤环境：培育健康的植物需要健康的土壤，植物健康首先需要土壤健康。良好的土壤管理措施可以改良土壤的墒情，提高作物养分的供给和促进作物根系的发育，从而能增强农作物抵御病虫害的能力，抑制有害生物的发生。不利于农作物生长的土壤环境，则会降低农作物对有害生物的抵抗能力，加重有害生物为害程度。培育健康土壤环境的途径包括：合理耕翻土地保持良好的土壤结构，合理作物轮作（间作、套种），调节土壤微生物种群，必要时进行土壤处理，局部控制不利微生物合理培肥土壤保证良好的土壤肥力等(图3 ~图6)。

（2）选用抗（耐）性品种：选用具有抗害、耐害特性的作物品种

图3　生物多样性

图4　小麦油菜间作

图5　土壤深翻

图6　小麦宽窄行播种

是栽培健康作物的基础，也是防治作物病虫害最根本、最经济有效的措施。在健康的土壤上种植具有良好抗性的农作物品种，在同样的条件下，能通过抵抗灾害、耐受灾害以及灾后补偿作用，有效减轻病虫害对作物的侵害损失，减少化学农药的使用。作物品种的抗害性是一种遗传特性，抗性品种按抵抗作用对象分类，主要有抗病性品种、抗虫性品种和抗干旱、低温、渍涝、盐碱、倒伏、杂草等不良因素的品种等。由于不同的作物、不同的区域对品种的抗性有不同要求，要根据不同作物种类、不同的播期和针对当地主要病虫害控制对象，因地制宜选用高产、优质抗（耐）性品种，且不同品种要合理布局。

（3）种苗处理：种苗处理技术主要指用物理、化学的方法处理种苗，保护种子和苗木免受病虫害直接为害、间接寄生的措施。常用方法有汰除、晒种、浸种、拌种、包衣、嫁接等。

汰除是利用被害种苗和健壮种苗的形态、大小、相对密度、颜色等方面的差异，精选健壮无病的种苗，包括手选、筛选、风选、水选、色选、机选等。

晒种和浸种是物理方法。晒种是利用阳光照射杀灭病菌、驱除害虫等。浸种主要是用一定温度的水浸泡种苗，利用作物和病虫对高温或低温的耐受程度差异而杀灭病菌虫卵等。广义的晒种和浸种还包括用一些人工特殊光源和配制特定药液处理种苗的技术。

拌种和包衣是使用化学药剂处理种子的方法，广泛应用于各种不同作物种子处理上：一种是在种子生产加工过程中，根据种子使用区域的病虫害种类和品种本身抗性情况，配制特定的种子处理药剂，以种子包衣为主的方式进行处理；另一种是在播种前，根据需要对未包衣的种子或需二次处理的包衣种子进行的药剂拌种处理。

嫁接是一个复合过程，主要是利用砧木的抗性和物理的方式阻断病虫的为害，主要用于果树等多年生作物。

（4）培育壮苗：培育壮苗是通过控制苗期水肥和光照供应、维持合适温湿度、防治病虫等措施，在苗期创造适宜的环境条件，使幼苗根系发达、植株健壮，组织器官生长发育正常、分化协调进行，无病虫为害，增强幼苗抵抗不良环境的能力，为抗病虫、丰产打下良好基础。

培育壮苗包括培育健壮苗木和大田调控作物苗期生长，特别是合理使用植物免疫诱抗剂、植物生长调节剂等，如氨基寡糖素、超敏蛋白、葡聚糖、几丁质、芸薹素、胺鲜酯、抗倒酯、S-抗素等，可以提高植株对病虫、逆境的抵抗能力，为农作物的健壮生长打下良好的基础（图 7、图 8）。

图 7　抗倒酯

图 8　培育壮苗

（5）平衡施肥：通过测土配方施肥，提供充足的营养，培育健康的农作物，即采集土壤样品，分析化验土壤养分含量，按照农作物对营养元素的需求规律，按时按量施肥增补，为作物健壮生长创造良好的营养条件，特别是要注意有机肥，氮、磷、钾复合肥料及微量元素肥料的平衡施用（图 9）。

图 9　科学施肥

（6）田间管理：搞好田间管理，营造一个良好的作物生长环境，不仅能增强植株的抗病虫、抗逆境的能力，还可以起到恶化病虫害的生存条件、直接杀灭部分菌源及虫体、降低病虫发生基数、减少病虫传播渠道的效果，从而控制或减轻甚至避免病虫为害。田间管理主要包括适期播种、合理密植、中耕除草、适当浇水、秋翻冬灌、清洁田园、人工捕杀等。

作物播种季节，在土壤温度、墒情、农时等条件满足的情况下，适期播种可以保证一播全苗、壮苗，有时为了减轻或避免病虫为害，可适当调整播期，使作物受害敏感期与病虫发生期错开。播种时合理密植，科学确定作物群体密度，增强田间通风透光性，使作物群体健壮、整齐，抑制某些病虫的发生。

作物生长期，精细田间管理，结合农事操作，及时摘去病虫为害的叶片、果实或清除病株、抹杀害虫，中耕除草，铲除田间及周边杂草，消灭病虫中间寄主。加强肥水管理，不偏施氮肥，施用腐熟的有机肥，增施磷钾肥，科学灌水，及时排涝，控制田间湿度，防止作物生长过于嫩绿、贪青晚熟，增强植株对病虫的抵抗能力。

在作物收获后，及时耕翻土壤，消灭遗留在田间的病株残体，将病虫翻入土层深处，冬季灌水，破坏或恶化病虫滋生环境，减少病虫越冬基数（图 10 ~ 图 12）。

图 10　秸秆还田

图 11　节水灌溉

图 12　泡田灭杀水稻二化螟

3. 理化诱控　理化诱控技术主要指物理防治，是利用光线、颜色、气味、热能、电能、声波、温湿度等物理因子及应用人工、器械或动力机具等防治有害生物的植保措施。常用方法有利用害虫的趋光、趋化性等习性，通过布设灯光、色板、昆虫信息素、食物气味剂等诱杀害虫；通过人工或机械捕杀害虫；通过阻隔分离、温度控制、微波辐射等控制病虫害。理化诱控技术见效快，可以起到较好的控虫、防病的作用，常把害虫消灭于为害盛期发生之前，也可作为害虫大量发生时的一种应急措施。但理化诱控多对害虫某个虫态有效，当虫量过大时，只能降低田间虫口基数，防控虫害效果有限，需要采取其他措施来配合控制害虫。主要应用于小麦、玉米、水稻、花生、大豆、棉花、马铃薯、蔬菜、果树、茶叶等多种粮食及经济作物。

（1）灯光诱控：灯光诱控是利用害虫的趋光性特点，通过使用不同光波的灯光以及相应的诱捕装置，控制害虫种群数量的技术。由于许多昆虫对光有趋向性，尤其是对 365nm 波长的光波趋性极强，多数诱虫灯产品能诱捕杀灭害虫，故俗称为杀虫灯。杀虫灯利用害虫较强的趋光、趋波、趋色、趋化的特性，将光的波长、波段、波频设定在特定范围内，近距离用光、远距离用波，加以诱捕到的害虫本身产生的性信息引诱成虫扑灯，灯外配以高压电网触杀或挡板，使害虫落入灯下的接虫袋或水盆内，达到杀灭害虫的目的。杀虫灯按能量供应方式分为交流电式和太阳能两种类型，按灯光类型分为黑光灯、高压汞灯、频振式诱虫灯、投射式诱虫灯等类型。杀虫灯的特点是应用范围广、杀虫谱广、杀虫效果明显、防治成本低，但也有对靶标害虫不精准的缺点。杀虫灯主要用于防治以鳞翅目、鞘翅目、直翅目、半翅目为主的多种害虫，如棉铃虫、玉米螟、黏虫、斜纹夜蛾、甜菜夜蛾、银纹夜蛾、二点委夜蛾、桃蛀螟、稻飞虱、稻纵卷叶螟、草地螟、卷叶蛾、食心虫、吸果夜蛾、刺蛾、毒蛾、椿象、茶细蛾、茶毛虫、地老虎、金龟子、金针虫等（图 13 ~ 图 19）。

图 13　频振式诱虫灯

图 14　太阳能杀虫灯

图 15　不同类型的杀虫灯（1）

图 16　不同类型的杀虫灯（2）

图 17　黑光灯

图 18　成规模设置杀虫灯（2）

图 19　灯光诱杀效果

（2）色板诱控：色板诱控是利用害虫对颜色的趋向性，通过在板上涂抹黏虫胶诱杀害虫。主要有黄色诱虫板、绿色诱虫板、蓝色诱虫板、黄绿蓝系列性色板以及利用性信息素的组合板等。不同种类的害虫对颜色的趋向性不同，如蓟马对蓝色有趋性，蚜虫对黄色、橙色趋性强烈，可选择适宜色板进行诱杀。色板诱控优点是对较小的害虫有较好的控制作用，是对杀虫灯的有效补充；缺点是对有益昆虫有一定的杀伤作用，使用成本较高，在害虫发生初期使用防治效果好。常用色板主要有黄板、蓝板及信息素板，对蚜虫、白粉虱、烟粉虱、蓟马、斑潜蝇、叶蝉等害虫诱杀效果好（图 20 ~ 图 22）。

（3）信息素诱控：昆虫信息素诱控主要是指利用昆虫的性信息素、报警信息素、空间分布信息素、产卵信息素、取食信息素等对害虫进

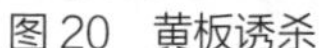

图 20　黄板诱杀

图 21　蓝板诱杀

图 22　红板诱杀

行引诱、驱避、迷向等，从而控制害虫为害的技术。生产上以人工合成的性信息素为主的性诱剂（性诱芯）最为常见。信息素诱控的特点是对靶标害虫精准，专一性和选择性强，仅对有害的靶标生物起作用，对其他生物无毒副作用。性诱剂的使用多与相应的诱捕器配套，在害虫发生初期使用，一般每个诱捕器可控制 3 ～ 5 亩。诱捕器放置的位置、高度、气流情况会影响诱捕效果，诱捕器放置高度依害虫的飞行高度而异。性诱剂还可用于害虫测报、迷向，操作简单、省时。缺点是性诱剂只引诱雄虫，不好掌握时机，若错过成虫发生期，则防控效果不佳。信息素诱控主要用于水稻、玉米、小麦、大豆、花生、果树、蔬菜等粮食作物和经济作物，防治棉铃虫、斜纹夜蛾、甜菜夜蛾、金纹细蛾、玉米螟、小菜蛾、瓜实螟、稻螟虫、食心虫、潜叶蛾、实蝇、小麦吸浆虫等害虫（图 23 ～图 29）。

图 23　二化螟性诱芯（1）

图 24　二化螟性诱芯（2）

图 25　性诱芯防治蔬菜害虫

图 26　稻螟虫性诱捕器

图 27　金纹细蛾性诱芯

图 28　信息素诱捕器（1）

图 29　信息素诱捕器（2）

（4）食物诱控：食物诱控是通过提取多种植物中的单糖、多糖、植物酸和特定蛋白质等，合成具有吸引和促进害虫取食的物质，以吸引取食活动的方法捕杀害虫，该食物俗称为食诱剂。食诱剂借助于高分子缓释载体在田间持续发挥作用，使用极少量的杀虫剂或专利的物理装置即可达到吸引、杀灭害虫的目的，使用方法有点喷、带施、配合诱集装置使用等。不同种类的害虫对化学气味的趋性不同，如地老虎和棉铃虫对糖蜜、蝼蛄对香甜物质、种蝇对糖醋和葱蒜叶等有明显趋性，可利用食诱剂、糖醋液、毒饵、杨柳枝把等进行诱杀（图30 ~ 图34）。食物诱控的特点是能同时诱杀害虫雌雄成虫，对靶标害虫的吸引和杀灭效果好，对天敌益虫的毒副作用小，不易产生抗药性、无残留，对绝大部分鳞翅目害虫均有理想的防治效果。主要用于果树、蔬菜、花生、大豆及部分粮食作物等，可诱杀玉米螟、棉铃虫、银纹夜蛾、地老虎、金龟子、蝼蛄、柑橘大食蝇、柑橘小食蝇、瓜食蝇、天牛等害虫。

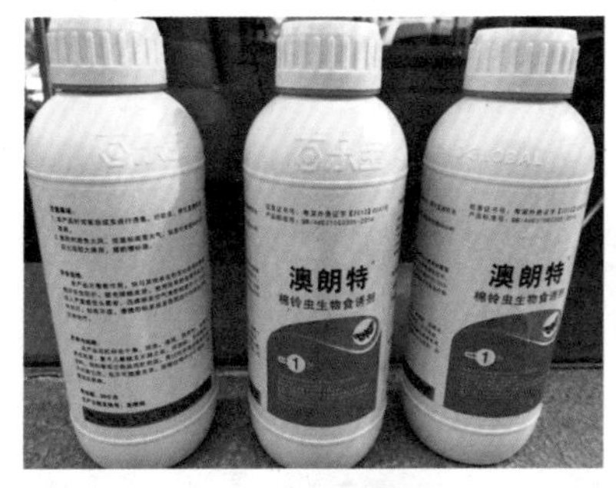

图30　生物食诱剂

图31　食诱剂诱杀害虫

图32　糖醋液诱杀害虫

图 33　枝把诱杀（1）　　图 34　枝把诱杀（2）

（5）隔离驱避技术：隔离驱避技术是利用物理隔离、颜色或气味负趋性的原理，以达到降低作物上虫口密度的目的。主要种类有防虫网、银灰膜、驱避剂、植物驱避害虫、果实套袋、茎干涂石灰等。驱避技术的特点是防治效果好、无污染，但成本较高。主要应用在水稻、果树、蔬菜、烟草、棉花等作物上（图 35 ~ 图 36）。

图 35　防虫网

图 36　果实套袋

防虫网的作用主要为物理隔离，通过一种新型农用覆盖材料把作物遮罩起来，将病虫拒于栽培网室之外，可控制害虫以及其传播病毒病的为害。防虫网除具有遮光、调节温湿度、防霜冻以及抗强风暴雨的优点外，还能防虫防病，保护天敌昆虫，大幅度减少农药使用，是一种简便、科学、有效的预防病虫措施。

银灰色地膜是在基础树脂中添加银灰色母粒料吹制而成，或采用喷涂工艺在地膜表面复合一层铝箔，使之成为银灰色或带有银灰色条带的地膜。银灰膜除具有增温保墒的作用外，对蚜虫还有驱避作用。由于蚜虫对银灰色有忌避性，用银灰色反光塑料薄膜做大棚覆盖、围边材料、地膜，利用银灰地膜的反光作用，人为地改变了蚜虫喜好的叶子背面的生存环境，抑制了蚜虫的发生，同时，银灰膜可以提高作物中下部的光合作用，对果实着色和提高含糖量有帮助。

利用昆虫的生物趋避性，在需保护的农作物田内外种植驱避植物，其次生性代谢产物对害虫有驱避作用，可减少害虫的发生量，如：香茅草可以驱除柑橘吸果夜蛾，除虫菊、烟草、薄荷、大蒜可驱避蚜虫，薄荷可驱避菜粉蝶等。

保护地设施栽培可调控温湿度，创造不利于病虫的适生条件。田间及周边种植驱避、诱集作物带，保护利用天敌或集中诱杀害虫，常用的驱避或引诱植物有蒲公英、鱼腥草、三叶草、薰衣草、薄荷、大葱、韭菜、洋葱、菠菜、番茄、花椒、一串红、除虫菊、金盏花、茉莉、天竺葵以及红花、芝麻、玉米、蓖麻、香根草等（图37）。

图37 稻田周边种植香根草

（6）太阳能土壤消毒：在夏季高温休闲季节，地面或棚室通过较长时间覆盖塑膜密闭来提高土壤或室内温度，可杀死土壤中或棚室内的害虫和病原微生物。在作物生长期，高温闷棚可抑制一些不耐高温的病虫发展。随着太阳能土壤消毒技术不断发展完善，与其他措施结合，形成了各种形式的适合防治不同土传病虫害的太阳能土壤消毒技术。主要应用于保护地作物及设施农业。另外，还可用原子能、超声波、紫外线和红外线等生物物理学防治病虫害。

4. 生态调控 生态调控技术主要采用人工调节环境、食物链加环增效等方法，协调农田内作物与有害生物之间、有益生物与有害生物之间、环境与生物之间的相互关系，达到灭害保益、提高效益、保护环境的目的。生态调控的特点是充分利用生态学原理，以增加农田生物的多样性和生态系统的复杂性，从而提高系统的稳定性。

利用生物多样性，可调整农田生态中病虫种群结构，增加农田生态系统的稳定性，创造有利于有益生物的种群稳定和增长的环境。还可调整作物受光条件和田间小气候，设置病虫害传播障碍，既可有效抑制有害生物的暴发成灾，又可抵御外来有害生物的入侵，从而减轻农作物病虫害压力和提高作物产量。

常用的途径有：采用间作、套种以及立体栽培等措施，提高作物多样性。推广不同遗传背景的品种间作，提高作物品种的多样性。植物与动物共育生产，提高农田生态系统的多样性。果园林间种植牧草，养鸡、养鸭增加生态系统的复杂性（图 38~ 图 48）。

图 38　油菜与小麦间作

图 39　大豆田间点种高粱

图 40　红薯与桃树套种

图 41　大豆与玉米间作

图 42　果园种草

图 43　辣椒与玉米间作

图 44　大豆与林苗套种

图 45　辣椒与大豆间作

图 46　路旁点种大豆

图 47　果园养鸭

图 48　稻田养鸭

5. 生物防治　天敌是指自然界中某种生物专门捕食或侵害另一种生物，前者是后者的天敌，天敌是生物链中不可缺少的一部分。根据生物群落种间关系，分为捕食关系和寄生关系。农作物病虫害和其天敌被习惯称为有害生物和有益生物，天敌包括天敌昆虫、线虫、真菌、细菌、病毒、鸟类、爬行动物、两栖动物、哺乳动物等。

生物防治是指利用有益生物及其代谢产物控制有害生物种群数量的一种防治技术，根据生物之间的相互关系，人为增加有益生物的种群数量，从而取得控制有害生物的效果。生物防治的内涵广泛，一般常指利用天敌来控制有害生物种群的控害行为，即采用以虫治虫、以螨治螨、以虫除草等防治有害生物的措施，广义的生物防治还包括生物农药防治。

生物防治根据生物间作用方式，可以分为捕食性天敌、寄生性天敌、自然天敌保护利用和天敌繁育引进等。生物防治优点是自然资源丰富、防治效率高、具有持久性、对生态环境安全、无污染残留、病虫不会产生抗性等，但防治效果缓慢、绝对防效低、受环境影响大、生产成本高、应用技术要求高等。生物防治的途径有保护有益生物、引进有益生物、有益生物的人工繁殖与释放、生物产物的开发利用等。主要应用于小麦、玉米、水稻、蔬菜、果树、茶叶、棉花、花生等作物。

（1）寄生性天敌：寄生性天敌昆虫多以幼虫体寄生寄主，随着天敌幼虫的发育完成，寄主缓慢地死亡和毁灭。寄生性天敌按其寄生部位可分为内寄生和外寄生，按被寄生的寄主发育期可分为卵寄生、幼虫寄生、蛹寄生和成虫寄生。常用于生物防治的寄生性天敌昆虫有姬蜂、蚜茧蜂、赤眼蜂、丽蚜小蜂、平腹小蜂等，主要应用于小麦、玉米、水稻、果树、蔬菜、棉花、烟草等作物（图49 ~图52）。

图49 棉铃虫被病原细菌寄生

（2）捕食性天敌：捕食性天敌昆虫主要以幼虫或成虫主动捕食大量害虫，从而达到消灭害虫、控制害虫种群数量、减轻为害的效果。常用于生物防治的捕食性天敌昆虫有瓢虫、食蚜蝇、食虫蝽、步甲、捕食虻等，还有其他捕食性天敌或有益生物，如蜘蛛、捕食螨、两栖类、爬行类、鸟类、鱼类、小型哺乳动物等，主要应用于小麦、玉米、水稻、蔬菜、果树、棉花、茶叶等作物（图53 ~图63）。

（3）保护利用自然天敌：生态系统的构成中，没有天敌和害虫之分，它们都是生态链中的一个环节。当人们为了某种目的，从生态系

图51 人工释放赤眼蜂防治玉米螟

图50 蚜虫被蚜茧蜂寄生

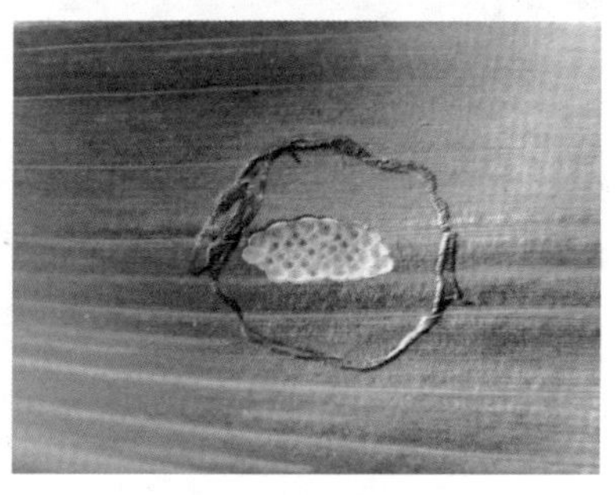

图52 玉米螟卵被赤眼蜂寄生

图 53　人工释放瓢虫卵卡

图 54　瓢虫成虫

图 55　人工释放捕食螨防治苹果山楂叶螨

图 56　食蚜蝇幼虫（1）

图 57　食蚜蝇幼虫 (2)

图 58　烟盲蝽幼虫

图 59　步甲成虫

图 60　捕食虻成虫

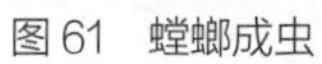

图 61　螳螂成虫

图 62　草蛉卵

图 63　蜘蛛捕食

统的某一环节获取其经济价值时，就会对生态系统的平衡产生影响。从经济角度讲，就有了害虫和天敌（益虫）之分。如果生态处于平衡状态，害虫就不会泛滥，也不需防治，当天敌和害虫的平衡被破坏，为了获取作物的经济价值，就要进行防治。而化学农药的不合理使用，在杀死害虫的同时，也杀死了大量天敌，失去天敌控制的害虫就会严重发生。

通过营造良好生态环境、保护天敌的栖息场所，为天敌提供充足的替代食物，采用对有益生物影响最小的防控技术，可有效地维持和增加农田生态系统中有益生物的种群数量，从而保持生态平衡，达到自然控制病虫为害的目的。常用的途径有：采用选择性诱杀害虫、局部施药和保护性施药等对天敌种群影响最小的技术控制病虫害，避免大面积破坏有益生物的种群。采用在冬闲田种植油菜、苜蓿、紫云英等覆盖作物的保护性耕作措施，为天敌昆虫提供越冬场所。在作物田间或周边种植苜蓿、芝麻、油菜、花草等作物带，为有益生物建立繁衍走廊、避难场所和补充营养的食源（图 64 ~ 图 66）。

图 64　苜蓿与棉花套种

图 65　田边点种芝麻

图 66　路旁种植花草

（4）繁育引进天敌：对一些常发性害虫，单靠天敌本身的自然增殖很难控制其为害，应采取人工繁殖和引进释放的方式，以补充田间天敌种群数量的不足。同时，还可以从国内外引进、移植本地没有或形不成种群的优良天敌品种，使之在本地定居增殖。常见的有人工繁殖和释放赤眼蜂、蚜茧蜂、丽蚜小蜂、平腹小蜂、金小蜂、瓢虫、草蛉、捕食螨、深点食螨瓢虫及农田蜘蛛等天敌（图 67 ~ 图 69）。

图 67　释放赤眼蜂

图 68　释放瓢虫

图 69　释放捕食螨

（5）生物工程防治：生物工程防治主要指转基因育种，通过基因定向转移实现基因重组，使作物具备抗病虫害、抗除草剂、高产、优质等特定性状。其特点是防治效果高、对非靶标生物安全、附着效果小、残留量小、副作用小、可用资源丰富等。主要应用于棉花、玉米、大豆等作物（图 70）。

图 70　转基因抗虫棉花

6. 科学用药 科学用药包括使用生物农药防治、化学农药防控和实施植保专业化统防统治。

（1）生物农药防治：生物农药是指利用生物活体或其代谢产物对农业有害生物进行杀灭或控制的一类非化学合成的农药制剂，或者是通过仿生合成具有特异作用的农药制剂。生物农药尚无十分准确的统一界定，随着科学技术的发展，其范畴在不断扩大。在我国农业生产实际应用中，生物农药一般主要泛指可以进行工业化生产的植物源农药、微生物源农药、生物化学农药等。

生物农药防治是指利用生物农药进行防控有害生物的发生和为害的方法。生物农药的优点是来源于自然界天然生成的有效成分，与人工合成的化学农药相比，具有可完全降解、无残留污染的优点，但生物农药的施用技术度高，不当保存和施用时期、施用方法都可能会制约生物农药的药效。另外，生物农药生产成本高，货价期短、速效性差，通常在病虫害发生早期，及时正确施用才可以取得较好的防治效果。主要用于果蔬、茶叶、水稻、玉米、小麦、花生、大豆等经济及粮食作物上病虫害的防治（图 71）。

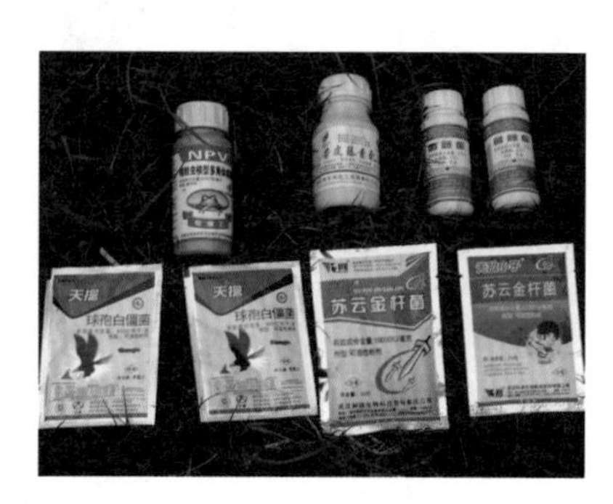

图 71　生物农药

1）植物源农药。植物源农药指从一些特定的植物中提取的具有杀虫、灭菌活性的成分或植物本身按活性结构合成的化合物及衍生物，经过一定的工艺制成的农药。植物源农药的有效成分复杂，通常不是单一的化合物，而是植物有机体的全部或一部分有机物质，一般包含在生物碱、糖苷、有毒蛋白质、挥发性香精油、单宁、树脂、有机酸、酯、酮、萜等各类物质中。植物源农药可分为植物毒素、植物内源激素、植物源昆虫激素、拒食剂、引诱剂、驱避剂、绝育剂、增效剂、植物防卫素、植物精油等。植物源农药来源于自然，能在自然界中降解，对环境及农产品、人畜相对安全，对天敌伤害小，害虫不易产生抗性，具有低毒、低残留的优点，但不易合成或合成成本高，药效发挥慢，采集加工限制因素多，不易标准化。植物源农药一般为水剂，受阳光或微生物的作用活性成分易分解。常用的植物源农药有效成分主要有大蒜素、乙蒜素、印楝素、鱼藤酮、除虫菊素、蛇床子素、藜芦碱、烟碱、小檗碱、苦参碱、核苷酸、苦皮藤素、丁子香酚等。

2）微生物源农药。微生物源农药指利用微生物或其代谢产物来防治农作物有害生物及促进作物生长的一类农药。它包括以菌治虫、以菌治菌、以菌除草、病毒治虫等。微生物农药主要有活体微生物农药和农用抗生素两大类。其主要特点是选择性强，防效较持久、稳定，对人畜、农作物和自然环境安全，不伤害天敌，不易产生抗性。但微生物农药剂型单一、生产工艺落后，产品的理化指标和有效成分含量不稳定。常用的微生物农药主要有苏云金杆菌、蜡质芽孢杆菌、枯草芽孢杆菌、淡紫拟青霉、多黏类芽孢杆菌、木霉菌、荧光假单胞杆菌、短稳杆菌、白僵菌、绿僵菌、颗粒体病毒、核型多角体病毒、质型多角体病毒、蟑螂病毒、微孢子虫、线虫等。

3）生物化学农药。生物化学农药指通过调节或干扰害虫或植物的行为，达到控制害虫目的的一类农药。其主要特点是用量少、活性高、环境友好。生物化学农药常分为生物化学类和农用抗生素类两种。常用生物化学类包括昆虫信息素、昆虫生长激素、植物生长调节剂、昆虫生长调节剂等，主要有油菜素内酯、赤霉酸、吲哚乙酸、乙烯利、诱抗素、三十烷醇、灭幼脲、杀铃脲、虫酰肼、腐殖酸、诱虫烯、性诱剂等，抗生素类主要有阿维菌素、甲氨基阿维菌素苯甲酸盐、井冈霉素、嘧啶核苷类抗生素、春雷霉素、申嗪霉素、多抗霉素、多杀霉素、硫酸链霉素、宁南霉素、氨基寡糖素等。

（2）化学农药防控：化学农药防控是指利用化学药剂防治有害生物的一种防治技术。主要是通过开发适宜的农药品种，并加工成适当的剂型，利用适当的机械和方法处理作物植株、种子、土壤等，直接杀死有害生物或阻止其侵染为害。农药剂型不同，使用方法也不同，常用方法有喷雾、喷粉、撒施、冲施（泼浇）、灌根（喷淋）、拌种（包衣）、浸种（蘸根）、毒土、毒饵、熏蒸、涂抹、滴心、输液等（图

72 ~图 80）。

图 72　种子包衣拌种

图 73　BT 颗粒剂去心防治玉米螟

图 74　土壤处理

图 75　喷雾防治

图 76　地面机械施药

图 77　药液灌根

图 78　撒施毒土

图 79　烟雾机防治

图 80　林木输液

化学农药是一类特殊的化学品，常指化学合成农药（有时也将矿物源农药归类于化学农药），根据其作用可分为杀虫剂、杀菌剂、杀螨剂、杀线虫剂、除草剂、灭鼠剂、植物生长调节剂等不同种类。化学农药防治农业病虫等有害生物，其优点是使用方法简便、起效快、效果好、种类多、成本低，受地域性或季节性限制少，可满足各种防治需要。但不合理使用化学农药带来的负面效应明显，在杀死有害生物的同时，易杀死有益生物，导致有害生物再猖獗，化学农药容易引起人畜中毒和农作物药害，易使病虫产生抗药性，农药残留造成环境污染等（图 81、图 82）。

化学防治是当前国内外广泛应用的防治措施，在病虫害等有害生物防治中占有重要地位，化学农药作为防控病虫害的重要手段，也是实施绿色防控必不可少的技术措施。在绿色防控中，利用化学农药防控有害生物，既要充分发挥其在农业生产中的保护作用，又要尽量减少和防止出现副作用。化学农药对环境残留为害是不可避免的，但可以通过科学合理使用化学农药加以控制，确保操作人员安全、作物安全、农产品消费者安全、环境与其他非靶标生物的安全，将农药的残留影响降到环境允许的最低限度。

1）优先使用生物农药或环境友好型农药。绿色防控强调尽量使用农业措施、物理以及生态措施来减少农药的使用，但是在必须使用农药时，一定要优先使用生物农药及安全、高效、低毒、低残留的环境友好型农药的新品种、新剂型、新制剂。

图 81　作物药害

图 82　农药包装废弃物

2）对症施药。在使用农药时，必须先了解农药的性能和防治对象的特点。病虫害等有害生物的种类繁多，不同的有害生物发生时期、为害部位、防治指标、使用药剂、防控技术等均不相同。农药的品种及产品类型也很多，不同种类的农药，防治对象和使用范围、施用剂量、使用方法等也不相同，即使同一种药剂，由于制剂类型、规格不同，使用方法、施用剂量也不一样。应针对需要防治的对象，尽量选用最合适、最有效、对天敌杀伤力最小的农药品种和使用方法。

3）适期用药。化学防治的过早或过迟施药，都可能造成防治效果不理想，起不到保护作物免受病虫为害的作用。在防治时，要根据田间调查结果，在病虫害达到防治指标后进行施药防治，未达到防治指标的田块暂不必进行防治。在施药时，要根据有害生物发生规律、作物生育期和农药特性，以及考虑田间天敌状况，尽可能避开天敌对农药的敏感时期用药，选择保护性的施药方式，既能消灭病虫害又能保护天敌。

4）有效低量无污染。化学农药的防治效果不是药剂的使用量越多越好，也不是药剂的浓度越大越好，随意增加农药的用量、浓度和使用次数，不仅增加成本而且还容易造成药害，加重农产品和环境的污染，还会造成病虫的抗药性。严格掌握施药剂量、时间、次数和方法，按照农药标签推荐的用量与范围使用，药液的浓度、施药面积准确，施药均匀细致，以充分发挥药剂的效能。根据病虫害发生规律适当选择施药时间，根据药剂残效期和气候条件确定喷药次数，根据病虫害发生规律、为害部位、产品说明选择施药方法。废弃的农药包装必须统一集中处理，切忌乱扔于田间地头，以免造成环境污染与人畜中毒。

5）交替轮换用药。长期施用一种或相同类型的农药品种防治某种病虫害，易使该病有害生物产生抗（耐）药性，降低防治效果。防治相同的病虫害要交替轮换使用几种不同作用机制、不同类型的农药，防止病虫害对药剂产生抗（耐）性。

6）严格按安全间隔期用药。农药使用安全间隔期是指最后一次施药至放牧、采收、使用、消耗作物前的时期，自施药后到残留量降到最大允许残留量所需间隔时间。因农药特性、降解速度不同，不同农药或同一种农药施用在不同作物上的安全间隔期也有所不同。绿色防控的主要目标就是要避免农药残留超标，保障农产品质量安全。在使用农药时，一定要看清农药标签标明的使用安全间隔期和每季最多用药次数，不得随意增加施药次数和施药量，在农药使用安全间隔期过后再采收，以防止农产品中农药残留超标（图 83）。

图 83　农药标签上标注的使用安全间隔期

7）合理混用。农药的合理混用，可以提高防治效果，延缓病虫产生抗药性，减少用药量，减少施药次数，从而降低劳动成本。如果混配不合理，轻则药效下降，重则产生药害。混用农药有一定的原则要求，选用不同毒杀机制、不同作用方式、不同类型的农药混用，选择作用于不同虫态、不同防控对象的农药混用，将具有不同时效性的农药混用，将农药与增效剂、叶面肥等混用。混用的农药种类原则上不宜超过3种，而且，酸碱性不同的农药不能混用，具有交互抗性的农药不能混用，生物农药与杀菌剂不能混用。农药混用必须确保药剂混合后，有效成分间不发生化学变化，不改变药剂的物理性状，不能出现浮油、絮结、沉淀、变色或发热、气泡等现象，不能增加对人畜的毒性和作物的伤害，能增效或能增加防治对象。配制混用药液时，要按照药剂溶于水由难到易的先后次序加入水中，如微肥、水溶肥、可湿性粉剂、水分散粒剂、悬浮剂、微乳剂、水乳剂、水剂、乳油，最好采用二次稀释的配药方法，每加入一种即充分搅拌混匀，然后再加入下一种。无论混配什么药剂，药液都要现配现用，不宜久放或贮存。

（3）实施植保专业化统防统治：植保专业化统防统治是新时期农作物病虫害防治方式和方法的一种创新，它是通过培育具备一定植保专业技术条件的服务组织，采用现代装备和技术，开展社会化、规模化、集约化的农作物病虫害防治服务，旨在提高病虫害防治的效果、效率和效益。植保专业化统防统治技术集成度高、装备比较先进，实行农药统购、统供、统配和统施，规范田间作业行为，实现信息化管理。与传统防治方式相比，专业化统防统治具有防控效果好、作业效率高、农药利用率高、生产安全性高、劳动强度低、防治成本低等优势。

发展植保专业化统防统治，是适应病虫害等有害生物发生规律、有效解决农民防病治虫难的必然要求，是提高重大病虫防控效果、控制病虫害暴发成灾，保障农业生产安全的关键措施，是降低农药使用风险、保障农产品质量安全和农业生态环境安全的有效途径，是提高农业组织化程度、转变农业生产经营方式的重要举措。植保专业化统防统治作为新型服务业，既是植保公共服务体系向基层的有效延伸，也是提高病虫害防控组织化程度的有效载体，有利于促进传统的分散防治方式向规模化和集约化统防统治转变。

在发展绿色农业、有机农业、精准农业、数字农业技术的新形势下，依靠科技进步，依托植保专业化服务组织、新型农业经营主体，利用植保无人机、大型自走式喷杆喷雾机等先进植保机械，集中连片整体推进农作物病虫害植保专业化统防统治，大力推广高效低毒低残留农药、新剂型、新助剂和生物农药以及智能高效施药机械，加快转变病虫害防控方式，构建资源节约型、环境友好型病虫害可持续治理技术体系，做到精准施药，实现农药减量控害（图 84、图 85）。

图 84　统防统治

图 85　植保专业化统防统治作业

第二部分 小麦病害田间识别及绿色防控

一、小麦锈病

分布与为害

小麦锈病俗称黄疸病，包括条锈病、叶锈病和秆锈病三种。我国凡是有小麦种植的区域，都有一种或两三种锈病发生，广泛分布于我国各小麦产区。其中条锈病主要分布在华北、西北、淮北等北方冬麦区和西南的四川、重庆、云南；叶锈病主要分布在东北、华北、西北、西南小麦产区；秆锈病主要分布在华东沿海、长江流域中下游和南方冬麦区及东北、西北，尤其是内蒙古等地的春麦区，以及云南、贵州、四川西南的高山麦区。

小麦锈病的为害特点是发展快、传播远，能在短时间内造成大面积流行。尤其小麦条锈病，是典型的远距离传播流行性病害，在菌源充足和条件适宜时，从出现发病中心（图 1、图 2）到大面积流行，时间很短，极易造成严重损失（图 3 ~ 图 6）。同时，小麦叶锈病和秆锈病也能给小麦造成很大为害（图 7 ~ 图 10）。如果三种锈病混合发生，则为害程度加重。

图1　小麦条锈病，发病中心

图 2　小麦条锈病，发病中心内的单片病叶

图 3　小麦条锈病，大田为害状，前期

图 4　小麦条锈病，大田为害状，后期

图 5　小麦条锈病，严重发生时地面散落的夏孢子

图 6　小麦条锈病，为害颖壳、籽粒

图 7　小麦叶锈病，大田为害状

图 8　小麦叶锈病，大田为害状，叶部症状

图9 小麦秆锈病，大田为害状（1）

图10 小麦秆锈病，大田为害状（2）

症状特征

三种锈病症状的共同特点是在受害叶片、茎秆或叶鞘上形成鲜黄色、橘红色、红褐色或深褐色的夏孢子堆。三种锈病的夏孢子堆在小麦叶片、茎秆或叶鞘上的排列方式各有特点，通常概括为“条锈成行叶锈乱，秆锈是个大红斑”，这也是区分三种锈病的典型识别特征（图 11 ~ 图 13）。

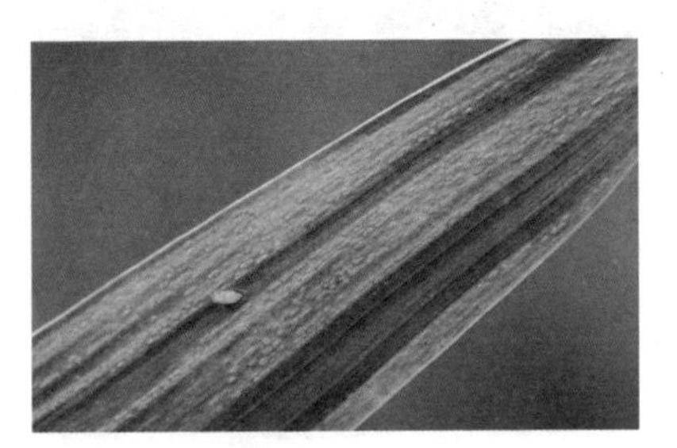

图11 小麦条锈病，夏孢子堆在小麦叶片上成行排列，呈虚线状

图12 小麦叶锈病，橘红色夏孢子堆在小麦叶片上散乱排列

图13 小麦秆锈病，叶鞘上呈红斑状的夏孢子堆

小麦条锈病主要为害叶片，也为害叶鞘、茎秆、穗部。从侵染点向四周扩展形成单个的夏孢子堆，多个夏孢子堆在叶片上成行排列，与叶脉平行，呈虚线状（图 14）。夏孢子堆鲜黄色，长椭圆形，孢子堆破裂后散出粉状孢子（图 15）。叶锈病主要为害叶片，夏孢子堆在叶片上散生，无规则排列，橘红色，圆形至椭圆形（图 16、图 17）。秆锈病主要为害茎秆和叶鞘，夏孢子堆排列散乱无规则，深褐色，孢子堆大，长椭圆形（图 18），并且夏孢子堆穿透叶片的能力较强。

图 14　小麦条锈病，单个夏孢子堆连成虚线状

图 15　小麦条锈病，孢子堆破裂散出粉状孢子

图 16　小麦叶锈病，散乱排列的橘红色夏孢子堆

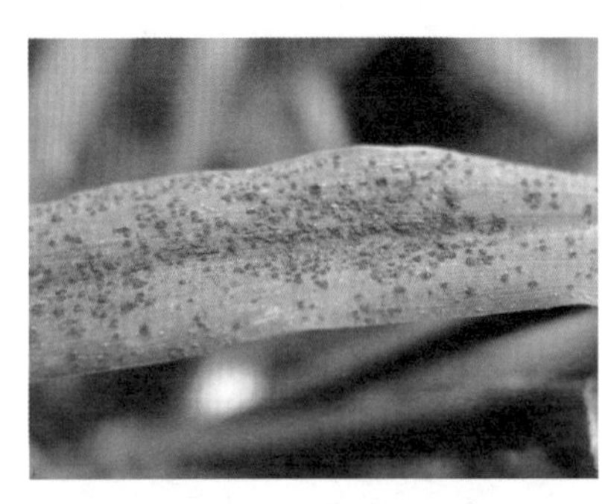

图 17　小麦叶锈病，夏孢子堆在叶片散乱排列

图 18　小麦秆锈病，散乱排列在叶鞘上的深褐色夏孢子堆

三种锈病发病后期都会在小麦病部表皮下形成黑色冬孢子堆（图 19 ~ 图 21）。条锈病和叶锈病的冬孢子堆呈短线状，扁平，常数个融合，埋伏在表皮内，成熟时不开裂，可区别于小麦秆锈病。

图 19　小麦条锈病，冬孢子堆

图 20　小麦叶锈病，冬孢子堆

图 21　小麦秆锈病，冬孢子堆

发生规律

小麦条锈病病菌越冬的低温界限为最冷月份月均温 –7 ~ –6℃，如有积雪覆盖，即使低于 –10℃仍能安全越冬。华北以石德线到山西介休、陕西黄陵一线为界，以北虽能越冬但越冬率很低，以南每年均能越冬且越冬率较高。黄河以南不仅能安全越冬且越冬叶位较高。再南到四川盆地、鄂北、豫南一带，冬季温暖，小麦叶片不停止生长，加上湿度较大，条锈病病菌持续逐代侵染，已不存在越冬问题。

条锈病病菌以夏孢子在小麦为主的麦类作物上逐代侵染而完成周年循环。夏孢子在寄主叶片上，在适合的温度（14 ~ 17℃）和有水滴或水膜的条件下侵染小麦。三种锈病病菌的夏孢子在萌发和侵染上的共同点是都需要液态水，侵入率和侵入速度取决于露时和露温，露时越长，侵入率越高；露温越低，侵入所需露时越长。在侵染上的不同点主要是三者要求的温度不同，条锈病病菌最低，叶锈病病菌居中，秆锈病病菌最高。

条锈病病菌在小麦叶片组织内生长，潜育期长短因环境不同而异。当有效积温达到 150 ~ 160℃时，便在叶面上产生夏孢子堆。每个夏孢子堆可持续产生夏孢子若干天，夏孢子繁殖很快。这些夏孢子可随风传播，甚至可被强大的气流带到 1 500 ~ 4 300m 的高空，吹送到几百甚至上千千米以外的地方而不失活性，进行再侵染。因此，条锈病病菌借助风力吹送，在高海拔冷凉地区晚熟春麦和晚熟冬麦自生麦苗上越夏，在低海拔温暖地区的冬麦上越冬，完成周年循环。

条锈病病菌在高海拔地区越夏的菌源及其邻近的早播秋苗菌源，借助秋季风力传播到冬麦地区进行为害。在陇东、陇南一带 10 月初就可见到病叶，黄河以北平原地区 10 月下旬以后可以见到病叶，淮北、豫南一带在 11 月以后可以见到病叶。在我国黄河、秦岭以南较温暖的地区，小麦条锈病病菌不须越冬，从秋季一直到小麦收获前，可以不断侵染和繁殖为害。但在黄河、秦岭以北冬季小麦生长停止地区，病菌在最冷月日均气温不低于 –6℃，或有积雪气温不低于 –10℃的地方，主要以潜育菌丝的状态在未冻死的麦叶组织内越冬，待翌年春季温度适合生长时，再繁殖扩大为害（图 22）。

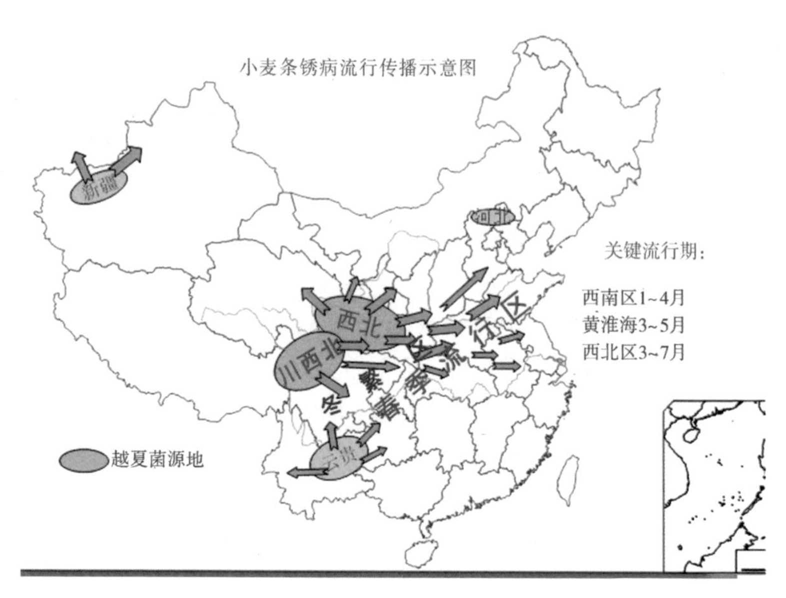

图 22　小麦条锈病，流行传播示意

小麦条锈病在秋季或春季发病的轻重主要与夏、秋季和春季雨水的多少、越夏越冬的菌源量和感病品种的面积大小关系密切。一般来说，秋冬、春夏交替时雨水多，感病品种面积大，菌源量大，条锈病就发生重，反之则轻。

绿色防控技术

小麦锈病的防治应贯彻“预防为主，综合防治”的植物保护工作方针，在抓好严密监测综合防治的基础上，重点抓好发病初期的化学农药应急防治。对小麦条锈病，在重点发病区域要坚持“准确监测，带药侦察，发现一点，控制一片”的策略，及时控制发病中心。在大田防治时要做到点片防治与普遍防治相结合，群防群治与统防统治相结合，控制病情蔓延，确保防治效果。

1. 条锈病分区治理　由于小麦条锈病属于全国大区域、流行性、毁灭性病害，在防治上应采取分区抓重点的策略，进行分区治理。一是对陕南、豫南、鄂西北、四川盆地、重庆、贵州、云南等冬季繁殖区，要种植抗病品种，秋播期做好药剂拌种，抓好早期防治，对重点发病区域采取“准确监测，带药侦察，发现一点，控制一片”的策略，及时控制发病中心；全面开展麦田统防统治，控制病害的区域扩散蔓延。二是对黄淮海地区等春季流行区，在种植抗病品种的基础上，加强病情监测，达到防治标准（病叶率达到 5%）及时开展统防统治。三是宁南、陇东南、海东、川西北等越夏易变异区，应改善当地农业生态环境，优化调整作物结构，压缩小麦面积，采取停种、改种、适期晚播和药剂拌种等措施进行综合治理，减少越夏菌源，切断病菌周年循环，延缓病菌的变异。

2. 农业防治

（1）选用抗病品种，做到抗源布局合理及品种定期轮换。在小麦锈病的越夏区和冬繁区分别种植不同抗原类型的小麦品种，可切断锈菌的周年循环，减少锈菌优势小种形成的机会，减缓小麦品种抗锈基因失效的速度；同一地区应实行抗源多样化。在应用抗病品种时，注意抗锈品种合理布局。利用抗病品种群体抗性多样化或异质性来控制锈菌群体组成的变化和优势小种形成。避免品种单一化，并定期轮换，防止抗性丧失。

常用的小麦品种，对小麦条锈病、叶锈病均有一定抗性的品种有周麦 12、周麦 22、周麦 30、周麦 36、郑麦 004、郑麦 366、济麦 4 号、阳光 818、新麦 11、豫麦 17、豫麦 47、豫麦 68、豫麦 70-36、豫展 9705、濮麦 9 号、中育 8、驻麦 328、汝麦 0319 等。

对条锈病抗性较好的品种有周麦 17、周麦 21、周麦 32、郑麦 98、郑麦 101、郑麦 119、郑麦 132、郑麦 369、郑麦 8329、郑麦 9405、西农 509、西农 511、西农 529、西农 979、西农 9718、存麦 8 号、淮麦 40、豫丰 11、郑品麦 8 号、博农 6 号、锦绣 21、百农 207、洲元 9369、矮抗 58、新麦 18、新麦 19、新麦 28、豫麦 34、豫麦 49、豫麦 49-198、豫麦 69、百农 418、中育 6 号、淮麦 16、济麦 1 号、偃展 4110、宛麦 98、西农 511、西农 928、西农 979、小堰 6 号、陕农 229、赛德麦 6 号、怀川 358、云台 301、鲁麦 1 号、鲁麦 23、晋麦

54、川麦 107、皖麦 19、皖麦 53 等。

对叶锈病抗性较好的品种有郑麦 0856、郑麦 9023、漯麦 8 号、先麦 10 号、烟农 999、周麦 24、许科 316、赛德麦 5 号、怀川 916、焦麦 266 等。

（2）切断菌源传播路线。适期晚播，减轻秋苗发病，减少秋季菌源。越夏区要及时铲除自生麦苗，以减少越夏菌源的积累与传播。

（3）加强栽培管理。采用宽窄行种植模式播种（宽行 20cm、窄行 13cm），改善田间通风透光条件，降低田间湿度；推广施用腐熟有机肥，增施磷钾肥，氮磷钾合理搭配，增强小麦抗病能力；不宜过多、过迟施用氮肥，防止小麦贪青晚熟，加重受害；节水灌溉，土壤湿度大或雨后要及时开沟排水；后期发病重的麦田需适当灌水，可减少产量损失（图 23）。

3. 生物防治 病害发生初期每亩用 1 000 亿芽孢 /g 克枯草芽孢杆菌可湿性粉剂 15 ~ 20g，或 2% 嘧啶核苷类抗菌素水剂 333 ~ 500g，对水均匀喷雾（图 24）。另外，除占小麦内生菌优势种群的芽孢杆菌

图 23 小麦条锈病，节水灌溉

图 24 小麦条锈病，嘧啶核苷类抗菌素制剂

属外，假单胞菌属的恶臭假单胞菌对小麦条锈病也有一定的防治效果。

4. 科学用药 由于小麦条锈病属于大区域流行性、暴发性、毁灭性病害，在采取药剂防治上，要选择大型施药器械，大面积开展统防统治，以确保在短时间内控制病情（图 25 ~ 图 30）。

（1）药剂拌种。用 6% 戊唑醇悬浮种衣剂 50 ~ 65mL，或用 15%

图 25　小麦条锈病，统防统治，人工防治

图 26　小麦条锈病，统防统治，自走式机械防治（1）

图 27　小麦条锈病，统防统治，自走式机械防治（2）

图 28　小麦条锈病，统防统治，自走式机械防治（3）

图 29　小麦条锈病，统防统治，无人机防治（1）

图 30　小麦条锈病，统防统治，无人机防治（2）

三唑酮可湿性粉剂150g，或20%三唑酮乳油150mL，拌小麦种子100kg。拌种时要严格掌握用药剂量，力求拌种均匀，拌过的种子应当日播完，避免发生药害。

（2）大田喷药。对发病中心要及时控制，避免快速蔓延，当病叶率达到0.5% ~ 1%时应立即进行普遍防治。每亩用15%三唑酮可湿性粉剂60 ~ 80g，或12.5%烯唑醇可湿性粉剂30 ~ 40g，或75%肟菌·戊唑醇水分散粒剂10g，或20%三唑酮乳油45 ~ 60mL，或30%醚菌酯悬浮剂70 ~ 100mL，或30%丙硫菌唑可分散油剂40 ~ 45mL，对水40 ~ 50kg喷雾防治。

二、小麦赤霉病

分布与为害

小麦赤霉病又名红头瘴、烂麦头，在全国各地均有分布，以长江中下游冬麦区、西南各省和东北春麦区发生最重，长江上游冬麦区和华南冬麦区常有发生。20 世纪 80 年代中期在华北大流行后，该病逐渐成为江淮、黄淮冬麦区的重要病害，近年来为害有加重趋势。

该病主要为害小麦，感病籽粒的千粒重和出粉率降低，做种子时发芽率下降，发芽势减弱。一般发生年减产 10% ~ 20%，大流行年份田间白穗率高达 40% 以上，并且严重度增加，枯死小穗数占整个麦穗数的 1/2 以上，减产严重（图 1）。因感染了赤霉病的小麦籽粒含有毒素，病粒超过一定比例时人畜无法食用，因此，一旦发生小麦赤霉病，将严重影响小麦产量和品质（图 2）。

图 1　小麦赤霉病，大田为害状

图 2　小麦赤霉病，感病病粒

症状特征

赤霉病在小麦各生育期均可发生，苗期侵染引起苗腐，中后期侵染引起秆腐和穗腐，其中影响最大的是穗腐，通常在小麦灌浆期发生最重。最初在小穗颖壳上出现水渍状淡褐色病斑，逐渐扩大至整个小穗，小穗随即枯死（图 3、图 4）。雨露较多或田间潮湿时，在小麦颖壳合缝处或小穗基部产生粉红色胶质霉层（图 5、图 6）。当病菌侵害穗轴或穗茎时，被侵害部位及以上部位枯死，损失更重（图 7 ~ 图 11）。发生穗枯后多不能灌浆，籽粒瘪瘦，千粒重降低（图 12）。病害发展至后期，多雨湿润季节，小穗基部或颖壳上发生黑色小颗粒，即病菌的子囊壳。

图 3　小麦赤霉病，发病初期颖壳发病

图 4　小麦赤霉病，发病初期一个小穗发病

图 5　小麦赤霉病，颖壳合缝处生粉红色霉层

图6 小麦赤霉病，病部生粉红色胶质霉层

图7 小麦赤霉病，病菌侵染穗轴，穗轴变褐色

图8 小麦赤霉病，穗轴受害，穗上部枯死

图9 小麦赤霉病，穗轴受害，穗中间部分枯死

图10 小麦赤霉病，穗茎受害变褐色，整穗枯死

图 11　小麦赤霉病，穗茎受害变褐色，整穗枯死

图 12　小麦赤霉病，病穗（左）瘦长，与健穗（右）对比明显

发生规律

小麦赤霉病病菌以腐生状态在田间残留的稻茬、玉米秸秆、小麦秆等各种植物残体上越夏、越冬。春天，病菌在一定温度、湿度条件下发育产生子囊壳，成熟后吸水破裂，壳内子囊孢子喷射到空气中并随风雨传播（微风有利于传播）到麦穗上，引起发病。小麦收获后，病菌又寄生于田间稻茬、麦秆上越夏、越冬。

该病是一种典型的气候性病害，其典型病程是在小麦扬花期侵染、灌浆期显症、成熟期成灾。赤霉病病菌在小麦扬花至灌浆期都能侵染为害，尤其以扬花期侵染为害最重。病情轻重与品种的抗病性、菌源量多少及天气关系密切。小麦抽穗扬花期的雨日数和雨量是病害发生轻重的最关键因素。若抽穗前有降水，扬花期又遇 3 天以上连阴雨天气，小麦品种抗病性差，该病害就极有可能流行为害。

在品种抗病性上，穗形细长、小穗排列稀疏、抽穗扬花整齐集中、花期短、残留花药少、耐湿性强的品种比较抗病。

绿色防控技术

1. 农业防治

（1）选用抗（耐）病品种。在小麦赤霉病常发区，要选用穗形细长、小穗排列稀疏、抽穗扬花整齐集中、花期短、残留花药少的抗（耐）病性强的品种。如郑麦023、西农979、镇麦168、博农6号、洲元9369、光明麦1311、宁麦15等。用盐水或泥水选种，用石灰水浸种。

（2）秸秆还田。秋收后秸秆还田时要切碎（图13、图14），结合土壤深翻、深松、施用秸秆腐熟剂等配套措施，利于秸秆腐熟降解（图15、图16）。

图13　小麦赤霉病，秋收后玉米秸秆还田，秸秆切碎（1）

图14　小麦赤霉病，秋收后玉米田秸秆还田，秸秆切碎（2）

图15　小麦赤霉病，秋收后施用秸秆腐熟剂（1）

图16　小麦赤霉病，秋收后施用秸秆腐熟剂（2）

（3）根据当地常年小麦扬花期降水规律，适当调整小麦播种期，使小麦扬花期避开多雨天气，减轻病情。

（4）加强栽培管理。采用宽窄行种植模式播种（宽行 20cm、窄行 13cm），改善田间通风透光条件，降低田间湿度，增强植株的抗病能力。合理浇水，及时排涝；花期避免大水漫灌；降水偏多、小麦赤霉病重发生区，要及时排涝，降低地下水位，降低田间湿度。合理配方施肥，适当增施磷、钾肥，增强小麦抗病能力。

2. 生物防治 可选用多黏类芽孢杆菌 KN-03、枯草芽孢杆菌等药剂喷雾防治。每亩用 5 亿 CFU/g 多黏类芽孢杆菌 KN-03 悬浮剂 400 ~ 600mL，或井冈・蜡芽菌可湿性粉剂（蜡质芽孢杆菌含量 16 亿个 /g，井冈霉素含量 4%）100 ~ 130g，或 1% 申嗪霉素悬浮剂 100 ~ 120mL，或 0.3% 四霉素水剂 50 ~ 65mL，或 5% 氨基寡糖素水剂 75 ~ 100mL，或 6% 低聚糖素水剂 60 ~ 80mL，在小麦抽穗扬花初期对水均匀喷雾。

应用小麦赤霉病菌生防菌绿针假单胞双鱼亚种（Pseudomonas piscium ZJU60）田间防治小麦赤霉病效果明显，并且可以显著降低脱氧雪腐镰刀菌烯醇毒素（DON）含量。另外，赤霉病生防菌菌株 Pcho10、菌株 ZJU23 及溶杆菌属（Lysobacter）和一些放线菌产生的抗生素，对小麦赤霉病也有较好的拮抗作用，能抑制病情发展。

3. 科学用药 小麦赤霉病的化学防治应以准确监测为基础，通过田间调查秸秆带菌情况（图 17），镜检子囊壳发育进度（图 18），孢子捕捉仪监测子囊孢子释放期（图 19）等，结合气象条件、小麦生育期综合分析，确定施药窗口时间，小麦抽穗至扬花初期，及时组织植物保护专业化防治队伍，采用弥雾机、自走式机械、大型植物保护机械、无人机，开展统防统治喷药预防（图 20 ~图 26）。每亩可用 30% 丙硫菌唑可分散油剂 40 ~ 45mL，或 25% 氰烯菌酯悬浮剂 100 ~ 200g，或 80% 多菌灵可湿性粉剂 60 ~ 80g，或 40% 多菌灵胶悬剂 150mL，或 50% 甲基硫菌灵可湿性粉剂 100 ~ 150g，或 30% 己唑醇悬浮剂 8 ~ 12g，对水 40kg 喷雾防治。施药后 4 ~ 6h 内遇雨应及时补治。枯草芽孢杆菌、井冈・蜡芽菌等生物农药，要提早 5 ~ 7d 施药。如遇病害流行，第一次防治结束后，需隔 5 ~ 7d 再防治 1 ~ 2 次，确保防治效果。

图 17　小麦赤霉病，调查玉米秸秆带菌

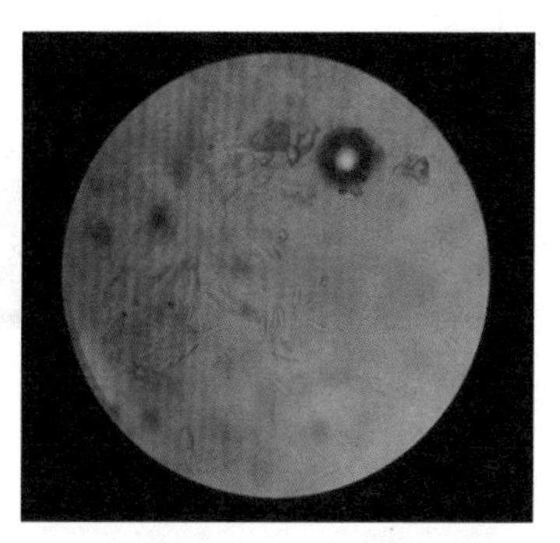

图 18　小麦赤霉病，镜检子囊壳发育

图 19　小麦赤霉病，病原孢子捕捉仪

图 20　小麦赤霉病，统防统治，人工防治（1）

图 21　小麦赤霉病，统防统治，人工防治（2）

图 22　小麦赤霉病，统防统治，自走式机械防治（1）

图 23　小麦赤霉病，统防统治，自走式机械防治（2）

图 24　小麦赤霉病，统防统治，大型植物保护机械防治

图 25　小麦赤霉病，统防统治，无人机防治（1）

图 26　小麦赤霉病，统防统治，无人机防治（2）

三、小麦纹枯病

分布与为害

小麦纹枯病又称立枯病、尖眼点病，广泛分布于我国小麦产区，近年来为害有加重趋势。主要为害小麦叶鞘、茎秆，小麦受害后，轻者因输导组织受损而形成枯白穗，籽粒灌浆不足，千粒重降低；重者造成小麦单株或成片死亡（图 1、图 2）。一般减产 10% 左右，严重者减产 30% ~ 40%，是影响小麦产量和品质的主要病害之一。

图 1　小麦纹枯病，大田为害状

图 2　小麦纹枯病，基部叶鞘上的云纹状病斑

症状特征

小麦纹枯病主要侵染小麦叶鞘和茎秆，小麦受害后，在不同生育阶段所表现的症状不同。幼苗发病初期，在地表或近地表的叶鞘上产生黄褐色椭圆形或梭形病斑（图 3、图 4），后病部颜色变深，病斑逐渐扩大而相连形成云纹状（图 5），并向内侧发展为害茎秆（图 6），重病株基部一、二节变黑甚至腐烂死亡，形成枯白穗。潮湿条件下，病

部出现白色菌丝体，有时出现白色粉状物（图 7、图 8），后期在病部形成黑色或褐色菌核（小黑点）（图 9、图 10）。

图 3　小麦纹枯病，发病初期，近地表叶鞘上的病斑

图 4　小麦纹枯病，发病初期，基部叶鞘上的黄褐色病斑

图 5　小麦纹枯病，病斑相连形成云纹状病斑

图 6　小麦纹枯病，穿透叶鞘侵染茎秆

图 7　小麦纹枯病，潮湿条件下病部的白色菌丝体

图 8　小麦纹枯病，病部出现白色菌丝体

图9　小麦纹枯病，后期病部形成黑色菌核（小黑点）

图10　小麦纹枯病，放大病部黑色菌核（小黑点）

发生规律

病菌以菌核或菌丝体在土壤中或附着在病残体上越夏或越冬，成为初侵染主要菌源。在北方冬麦区，纹枯病发生和发展大致可分为冬前发生期、越冬期、早春返青上升期、拔节后盛发期和抽穗后稳定期五个阶段。小麦播种发芽后，接触土壤的叶鞘被纹枯病病菌侵染，在土表处形成椭圆形或梭形病斑。此期病株较少，多零星发生，播种早的田块冬前有一个明显的侵染高峰；冬季小麦进入越冬期，纹枯病发展缓慢或停止发展，病株率变化小；早春小麦返青后随气温升高，病情主要在分蘖之间横向发展，病株率明显增加；伴随小麦拔节，病情开始向地表以上叶鞘发展，严重时病菌穿透叶鞘侵染茎秆，病株率和严重度急剧增长，形成冬后发病高峰；小麦抽穗后病株率无太大变化，病情趋于稳定，但小麦茎秆为害严重度增加，严重的可造成田间枯白穗。在温暖地区，小麦无明显的越冬期，纹枯病病菌也无越冬期，而是继续发生发展，春季为害程度会较重。

小麦纹枯病属土居性病害，该病发生与气候和栽培条件密切相关。

气温和土壤湿度是影响病情的主要因素，日均气温 20 ~ 25℃时病情发展迅速，高于 30℃病情受抑制，高于 32.5℃病害停止发展。小麦播种过早，冬前旺长，偏施氮肥或施用带有病残体而未腐熟的粪肥，群体大的麦田发病重；秋、冬季气温偏高，春季多雨，病田连作有利于发病。高沙土地纹枯病重于黏土地，黏土地重于盐碱地。小麦品种间对病害的抗性差异大。

绿色防控技术

采取农业防治、生物防治、化学防治相结合的综合防治措施，确保防治效果。

1. 农业防治

（1）选用抗病品种。可选用新麦 26、济麦 1 号 、济麦 4 号、扬麦 15、镇麦 168、博农 6 号、郑麦 004、郑麦 98、郑麦 9405、洲元 9369、漯麦 8 号、阳光 818、先麦 10 号、师栾 02-1、周麦 24、许科 316、开麦 18、濮麦 9 号、濮优 938、宁麦 15、新麦 11 、新麦 18、豫麦 47 号、豫麦 70-36 、怀川 101、焦麦 266 等抗（耐）病性较好的小麦品种。

（2）合理轮作。小麦、玉米连作利于小麦纹枯病原菌积累，造成病害逐年加重，要与除小麦、水稻、玉米、棉花外的其他非寄主植物轮作，以减轻病情（图 11）。

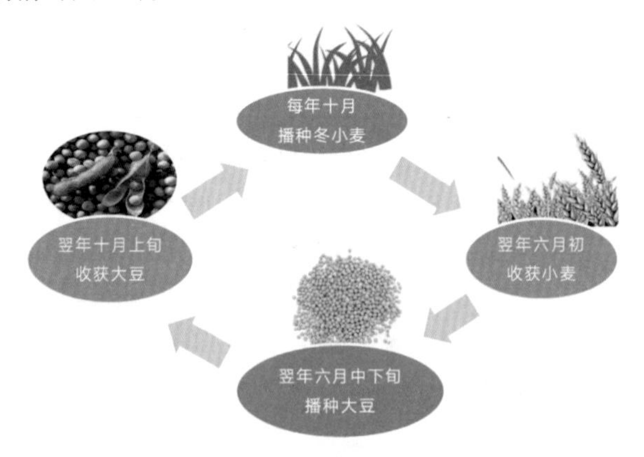

图 11　小麦纹枯病，轮作模式，小麦大豆轮作

（3）加强栽培管理。适期迟播，合理密植，培育壮苗。采用宽窄行种植模式播种（宽行 20cm、窄行 13cm）（图 12 ~ 图 15），改善田间通风透光条件，降低田间湿度，提高植株抗病能力。增施有机肥，采取测土配方施肥技术，氮磷钾合理配比使用，忌偏施氮肥，改善土壤理化性状和小麦根际微生物生态环境，促进根系发育，增强抗病力。合理浇水，忌大水漫灌，雨后及时排涝，做到田间无积水，避免田间湿度过大。及时清除田间杂草。

图 12　小麦纹枯病，宽窄行播种

图 13　小麦纹枯病，宽窄行播种出苗情况

图 14　小麦纹枯病，等行播种

图 15　小麦纹枯病，等行播种出苗情况

2. 生物防治

（1）播种期。100kg 种子用 5% 井冈霉素水剂 600 ~ 800mL，对少量水均匀喷在麦种上，搅拌均匀，堆闷几小时后播种。或 100kg 种子用 1 亿孢子 /g 木霉菌水分散粒剂 2 500 ~ 5 000g 拌种。

（2）返青拔节期。用 3% 多抗霉素水剂 900 ~ 1 200 倍液喷雾，或 4% 嘧啶核苷类抗生素水剂 600 ~ 800 倍液喷雾（图 16），如病情较重，隔 7 ~ 10d 再喷 1 次，连喷 2 ~ 3 次；每亩用 5% 井冈霉素水剂 100 ~ 150mL，对水 60 ~ 75kg 喷雾；或每亩用井冈・蜡芽菌可湿性粉剂（蜡质芽孢杆菌含量：16 亿个 /g，井冈霉素含量：4%）100 ~ 130g（图 17），或 16% 井冈霉素可溶粉剂 43.8 ~ 56.3g，对水 60 ~ 75kg 对准小麦基部喷淋。或每亩用 1 亿孢子 /g 木霉菌水分散粒剂对水稀释 1 500 ~ 2 000 倍浇灌植株根部。

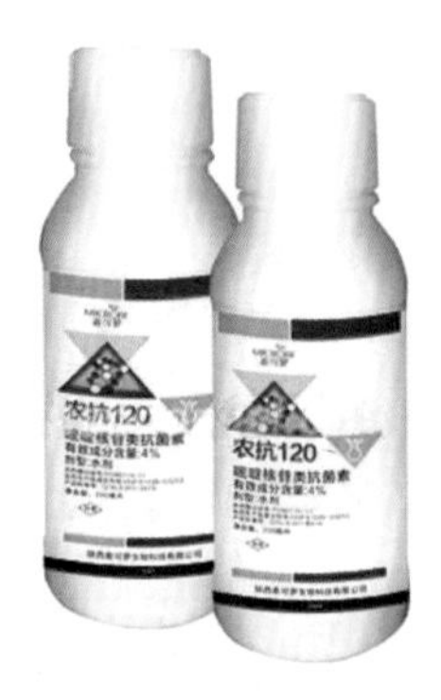

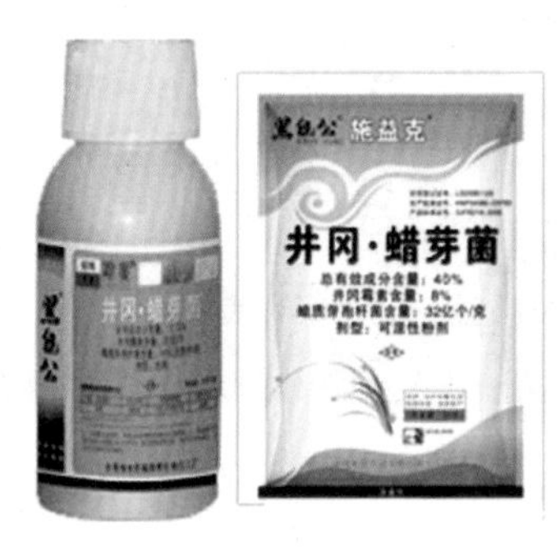

图 16　小麦纹枯病，4% 嘧啶核苷类抗菌素　　图 17　小麦纹枯病，井冈・蜡芽菌

3. 科学用药

（1）药剂拌种。用 60g/L 戊唑醇悬浮种衣剂 50 ~ 65mL，或 30g/L 苯醚甲环唑悬浮种衣剂 200 ~ 300mL，或 15% 三唑醇可湿性粉剂 200 ~ 300g，或 30% 醚菌酯悬浮种衣剂 33 ~ 67mL，对水 2 ~ 3kg 拌麦种 100kg。拌种时应严格控制用药量，避免影响种子发芽。

（2）生长期防治。小麦返青至拔节前是纹枯病化学防治的关键时期，为确保防治效果，要采用超低容量施药器械、大型自走式施药机械（图 18、图 19）、无人机（图 20、图 21）等先进植物保护药械进行统防统治。

当田间平均病株率达 10% ~ 15% 应迅速防治。每亩用 12.5% 烯唑醇可湿性粉剂 45 ~ 60g，或 25% 丙环唑乳油 30 ~ 40g，对水 40 ~ 50kg 喷雾。喷雾时要重点喷洒小麦茎基部，提高防治效果。

图18　小麦纹枯病，统防统治，自走式机械防治（1）

图19　小麦纹枯病，统防统治，自走式机械防治（2）

图20　小麦纹枯病，统防统治，无人机防治（1）

图21　小麦纹枯病，统防统治，无人机防治（2）

四、小麦白粉病

分布与为害

小麦白粉病广泛分布于我国各小麦产区，原在山东沿海、四川、贵州、云南、河南发生普遍，为害也重，20世纪80年代以来，由于水肥和播种密度增加，该病在东北、华北、西北麦区也日趋严重。小麦受害后，可致叶片早枯，分蘖数减少，成穗率降低，千粒重下降。一般可造成减产10%左右，严重的达50%以上，是影响小麦生产的主要病害之一（图1）。

图1　小麦白粉病，大田为害状

症状特征

小麦白粉病在小麦各生育期均可发生，能够侵害小麦植株地上部各器官，主要为害叶片（图2、图3），也可为害叶鞘、茎秆、穗部颖壳和麦芒（图4～图6）。小麦白粉病病菌是一种表面寄生菌，以吸胞伸入寄主表皮细胞吸取寄主营养，病菌菌丝体在病部表面形成绒絮状霉斑，上有一层粉状霉。霉斑最初为白色，后渐变为灰色至灰褐色（图7、图8），后期上面散生黑色小点，即病原菌的闭囊壳（图9、图10）。

图2　小麦白粉病，为害叶片，发病初期的独立病斑

图3　小麦白粉病，为害叶片，发病后期病斑相连布满叶片

图4　小麦白粉病，为害叶鞘

图5　小麦白粉病，为害穗部

图6　小麦白粉病，为害麦芒

图7　小麦白粉病，发病初期，叶部白色粉状霉层

图8　小麦白粉病，发病后期，叶部灰褐色霉斑

图 9 小麦白粉病，发病后期叶鞘茎秆上的的子囊壳（小黑点）

图 10 小麦白粉病，发病后期叶片上的子囊壳（小黑点）

发生规律

小麦白粉病病菌是专性寄生菌，只能在活的寄主上繁殖。病菌以分生孢子在夏季最热的一旬、平均气温低于 23.5℃地区的自生麦苗上越夏，或以潜育状态越夏。越夏期间，病菌不断侵染自生麦苗，并产生分生孢子。病菌也可以闭囊壳在低温干燥的条件下越夏并形成初侵染源，菌丝体或分生孢子在秋苗基部、叶片组织中或上面越冬。

病菌靠分生孢子或子囊孢子借气流传播到小麦叶片上，遇适宜的温度、湿度条件即萌发长出芽管，芽管前端膨大形成附着胞和入侵丝，穿透叶片角质层，侵入表皮细胞形成吸器并向寄主体外长出菌丝，后在菌丝中产生分生孢子梗和分生孢子，成熟后脱落，随气流传播蔓延，进行多次再侵染。

病菌越夏后，首先感染越夏区的秋苗，引起发病并产生分生孢子，后向附近及低海拔地区和非越夏区传播，侵害这些地区的秋苗。越夏区小麦秋苗发病较早且严重。早春气温回升，小麦返青后，潜伏越冬的病菌恢复活动，产生分生孢子，借气流传播扩大为害。

该病的发生与气候和栽培条件密切相关，发生的适宜温度为 15 ~ 20℃，低于 10℃发病缓慢。相对湿度大于 70% 时易造成病害流行。

少雨地区当年雨多则病重；多雨地区如果雨日、雨量过多，冲刷掉了叶片表面的分生孢子，既不利于侵入，也不利于分生孢子的产生和传播。同时，在叶面过多的游离水中白粉病病菌分生孢子不能萌发，反而减轻病情。另外，种植密度大、施氮过多，会造成植株贪青的发病重。管理不当、水肥不足、土地干旱、植株生长衰弱、抗病力低，也易发生白粉病。

绿色防控技术

1. 农业防治

（1）选用抗（耐）病品种。对小麦白粉病抗性较好的品种有郑麦004、郑麦119、郑麦9405、郑麦9962、阳光818、扬麦13、新麦11、新麦19、洲元9369、矮抗58、豫麦68、豫麦70–36、周麦12号、淮麦16、濮麦9号、云麦53、中育8号等。小麦白粉病菌是专性寄生菌，病菌变异速度快，容易导致品种抗病性丧失，在抗白粉病育种时要着重从小麦近缘属种材料中寻找抗源并加以充分利用。

（2）减少初侵染来源。在平原地区或浅山区，可推广海拔500m以上地区退耕还林措施，停种小麦，以减少越夏菌源（图11 ~ 图13）。也可以在小麦白粉病病菌越夏区，铲除白粉病越夏期间的自生麦苗及病残体（图14 ~ 图18），减少菌源，降低秋苗发病率。

图11　小麦白粉病，浅山区种植的小麦（1）

图12　小麦白粉病，浅山区种植的小麦（2）

图13　小麦白粉病，浅山区种植的小麦（3）

图14　小麦白粉病，玉米田早期的自生麦苗

图15　小麦白粉病，玉米田化除自生麦苗

图16　小麦白粉病，高海拔地区，打麦场边的自生麦苗残存到秋末（1）

图17　小麦白粉病，高海拔地区，打麦场边的自生麦苗（2）

图18　小麦白粉病，自生麦苗残存到冬季

（3）推广秸秆还田技术。麦收后及时耕翻灭茬秸秆还田（图19、图20），尤其是越夏区，麦收后翻耕灭茬和铲除杂草及自生麦苗，清洁田园，是减少秋苗期菌源的主要措施；合理密植和施用氮肥，避免偏施氮肥，适当增施充分腐熟的有机肥和磷钾肥；改善田间通风透光条件，降低田间湿度，增强植株的抗病能力。北方麦区应根据土壤墒情进行冬灌，减少春灌次数，降低发病高峰期的田间湿度。但发生干旱时要及时灌水，促进植株生长，提高抗病能力。

图19　小麦白粉病，小麦秸秆还田（1）

图20　小麦白粉病，小麦秸秆还田（2）

（4）加强栽培管理。白粉病菌越夏区或秋苗发病重的地区，可适当晚播以减少秋苗发病率，但是过晚播种会造成冬前小麦苗弱，抵抗力差。同时，要根据品种特性和播种期控制播量，采用宽窄行种植模式播种（宽行20cm、窄行13cm）（图21、图22），改善田间通风透光条件，降低田间湿度，增强植株的抗病能力，避免播量过大造成田间群体过大，通风透光不良，植株生长弱而发病加重。

图21　小麦白粉病，宽窄行播种（1）

图22　小麦白粉病，宽窄行播种（2）

2. 生物防治 病害发生初期，每亩用1 000亿芽孢/g枯草芽孢杆菌可湿性粉剂15 ~ 20g，或0.3%四霉素水剂50 ~ 65mL，或0.5%大黄素甲醚水剂100 ~ 150mL，或3%多抗霉素可湿性粉剂100 ~ 200g，或0.3%苦参碱水剂37.5 ~ 50g对水均匀喷雾。

3. 科学用药

（1）种子处理。用6%戊唑醇悬浮剂50mL，拌小麦种子100kg。

（2）早春防治。当田间病株率达到15%时，用15%三唑酮可湿性粉剂每亩50 ~ 75g，对水40 ~ 50kg喷雾，能取得较好的防治效果。

（3）生长期施药。孕穗期至抽穗期田间病株率达到15%或病叶率达到5%时，每亩用15%三唑酮可湿性粉剂60 ~ 80g，或12.5%烯唑醇可湿性粉剂30 ~ 40g，或75%拿敌稳水分散粒剂10g，或30%丙硫菌唑可分散油剂40 ~ 45mL，或25%丙环唑乳油25 ~ 40mL，或40%多·酮可湿性粉剂75 ~ 100mL，对水40kg喷雾。

五、小麦全蚀病

分布与为害

小麦全蚀病又名黑脚病，是一种毁灭性较大的病害，1931 年前后在我国浙江发现此病，目前已蔓延至山东、山西、内蒙古、宁夏、甘肃、青海、陕西、黑龙江、新疆、西藏、云南、贵州、四川、江苏、河北、河南、安徽、福建、辽宁、上海、湖北 22 个省（区、市），以山东、河南、甘肃、宁夏等地为害最重。

小麦受害后，可导致次生根变少，植株矮化，分蘖减少，成穗率降低，千粒重下降（图 1 ～图 3）。发病越早，减产幅度越大。拔节前显病的植株，常常早期枯死。拔节期显病的植株，减产 50% 左右；灌浆期以后显病的，减产 20% 以上。全蚀病扩展蔓延较快，麦田从零星发病到成片死亡，一般仅需 3 年左右（图 4、图 5）。

图 1　小麦全蚀病，病株（左）与健株（右）株高对比，病株矮化

图 2　小麦全蚀病，病株（左）与健株（右）根系对比，病株次生根减少

图 3　小麦全蚀病，病株籽粒（左）与健株籽粒（右）对比，病株籽粒秕瘦

图 4　小麦全蚀病，大田为害状，小麦点片提早枯死

图 5　小麦全蚀病，大田为害状，小麦大面积提前死亡

症状特征

小麦全蚀病是一种典型的根部病害，病菌只侵染小麦根部和茎基部 15cm 以下部位，地上部的症状是根部和茎基部受害所引起的。受土壤菌量和根部受害程度的影响，田间症状显现期不一。轻病地块，在小麦灌浆期病株呈现零星或成簇早枯白穗，远看与绿色健株形成明显对照；重病地块，在拔节后期即出现若干矮化发病中心，麦苗高低不平，中心病株矮、黄、稀疏，极易识别。各期症状主要特征如下：

1. 分蘖期　在分蘖期，地上部多无明显症状，仅重病植株表现稍矮，基部黄叶多。冲洗小麦根系可见种子根与地下茎变灰黑色（图 6）。

2. 返青拔节期　在返青拔节期，病株返青迟缓，分蘖少，黄叶多，拔节后期重病株矮化、稀疏，叶片自下向上变黄，似干旱、缺肥（图 7）。拔出可见植株种子根、次生根大部分变黑。横剖病根，根轴变黑。在茎基部表面和叶鞘内侧，生有较明显的灰黑色菌丝层。

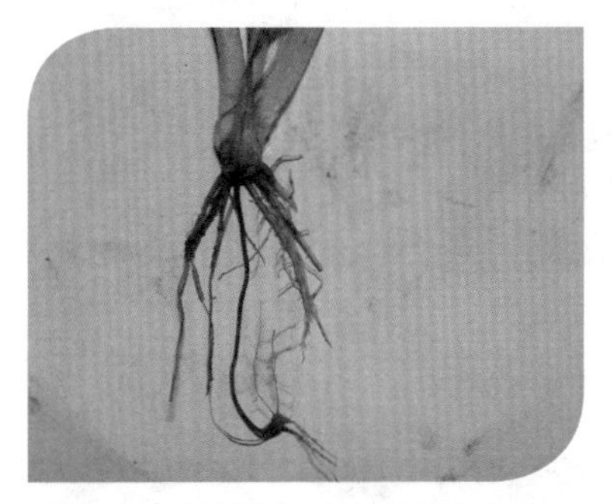

图 6　小麦全蚀病，地下茎受害变黑色

图 7　小麦全蚀病，返青拔节期麦苗矮小发黄，似缺肥状

3. 抽穗灌浆期　在抽穗灌浆期，病株成簇或点片出现枯白穗（图 8、图 9），在潮湿麦田中，茎基部表面形成“黑脚”，后颜色加深呈黑膏药状（图 10 ~ 图 13），其上密布黑褐色颗粒状子囊壳（图 14）。

上述症状可以概括为“三黑一白”，“三黑”即黑根、黑脚、黑膏药，“一白”即枯白穗，是区别于其他小麦根腐类病害的主要特征。

图 8　小麦全蚀病，受害小麦成簇提前枯死

图 9　小麦全蚀病，受害小麦成片提前枯死

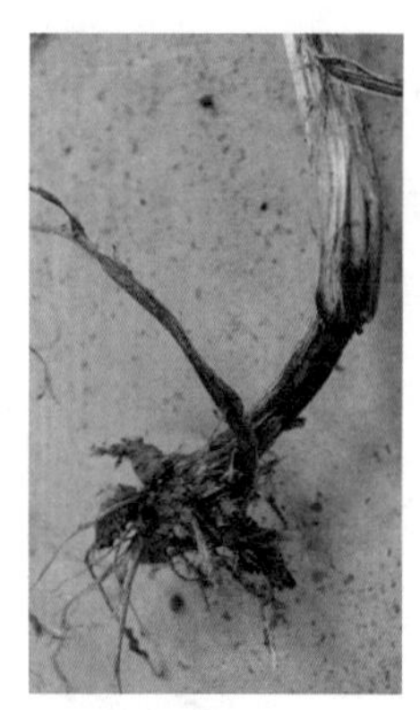

图10 小麦全蚀病，黑脚，单个病株

图11 小麦全蚀病，黑脚，成丛病株

图12 小麦全蚀病，黑膏药

图13 小麦全蚀病，茎基部黑脚症状（水洗后拍照）

图14 小麦全蚀病，病部小黑点（子囊壳）

发生规律

小麦全蚀病病菌是一种土壤寄居菌。病菌较好气，发育温度3～35℃，适宜温度19～24℃，致死温度为52～54℃（温热）10min。病菌以菌丝体在田间小麦残茬、夏玉米等夏季寄主的根部以及混杂在场土、麦糠、种子间的病残组织上越夏，是后茬小麦的主要侵染源。引种混有病残体的种子是无病区发病的主要原因。小麦播种后，菌丝体从麦苗种子根侵入。在菌量较大的土壤中冬小麦播种后50d，麦苗种子根即受害变黑。病菌以菌丝体在小麦的根部及土壤中病残组织内越冬。小麦返青后，随着地温升高，菌丝增殖加快，沿根扩展，向上侵害分蘖节和茎基部。拔节后期至抽穗期，菌丝蔓延侵害茎基部1 ~ 2节，致使病株陆续死亡，田间出现早枯白穗。小麦灌浆期病势发展最快。遇干热风，病株加速死亡。

小麦全蚀病的发生与耕作制度、土壤肥力、耕作条件等密切相关。连作病重，轮作病轻；小麦与夏玉米1年两作，多年连种，病害发生重；土质疏松，土壤肥力低，碱性土壤，氮、磷、钾比例失调，尤其是缺磷地块，病情加重，增施腐熟有机肥可减轻发病；冬小麦早播发病重，晚播发病轻；另外，感病品种的大面积种植，也是加重病害发生的原因之一。

绿色防控技术

小麦全蚀病是河南省内补充检疫对象，在防治上要严格植物检疫，做到保护无病区、封锁零星病区，采用综合防治措施控制病情蔓延。

1. 植物检疫

使用经过严格检疫并带有检疫标识的小麦种子（图15、图16），不从病区引种。如确需种子调出，要选无病地块留种，单收单打，风选扬净，严防种子间夹带病残体传病。种子繁育田所用种子播种前必须进行药剂处理。

图15 小麦全蚀病，带有检疫标识的小麦种子包装（1）

图16 小麦全蚀病，带有检疫标识的小麦种子包装（2）

2. 农业防治

（1）种植抗（耐）病品种。选择科优 1 号、豫展 9705、豫 58 –998、偃展 4110、新麦 11 号、高优 505 、豫麦 18 号、豫麦 49 号等抗（耐）病品种，减轻全蚀病为害。

（2）减少菌源。新病区零星发病地块小麦机收时要留茬 16cm 以上，单收单打。发病地块小麦籽粒不作种子用，麦糠不沤粪，严防病菌扩散。有病情分布地块停种 2 年小麦、玉米等寄主作物，改种大豆、油菜、棉花、蔬菜、甘薯和麻类等非寄主作物。

（3）轮作倒茬。

①大轮作。有病情分布地块每 2 ～ 3 年定期停种一季小麦，改种蔬菜、棉花、油菜、春甘薯等非寄主作物，也可种植春玉米。大轮作可在麦田面积较小的病区推广（图 17）。

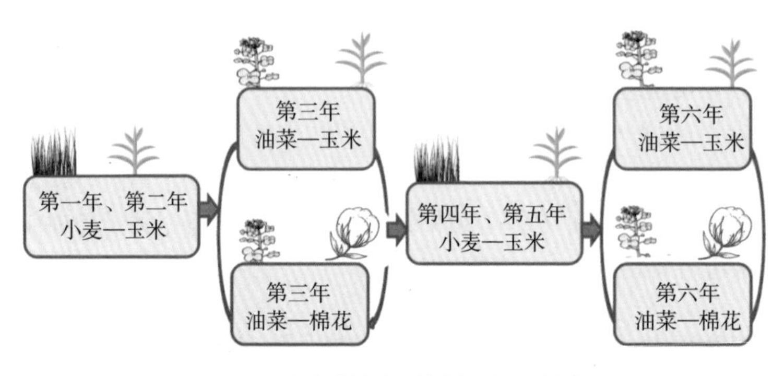

图 17　小麦全蚀病，轮作模式，大轮作

②小换茬。小麦收获后，复种一季夏甘薯、伏花生、夏大豆、秋菜（白菜、萝卜）等非寄主作物后，再直播冬小麦。有水利条件的地区，实行稻、麦水旱轮作，防病效果更明显（图18、图19）。轮作换茬要结合培肥地力，并严禁施入病粪，否则病情回升快。

3. 生物防治　每 10kg 种子用 1% 申嗪霉素悬浮剂 10 ～ 20mL，或 15 亿芽孢 /g 荧光假单胞杆菌可湿性粉剂 100 ～ 150g 拌种。小麦返青期用 15 亿 /g 荧光假单胞杆菌水分散粒剂每亩 100 ～ 150g，对水 150kg

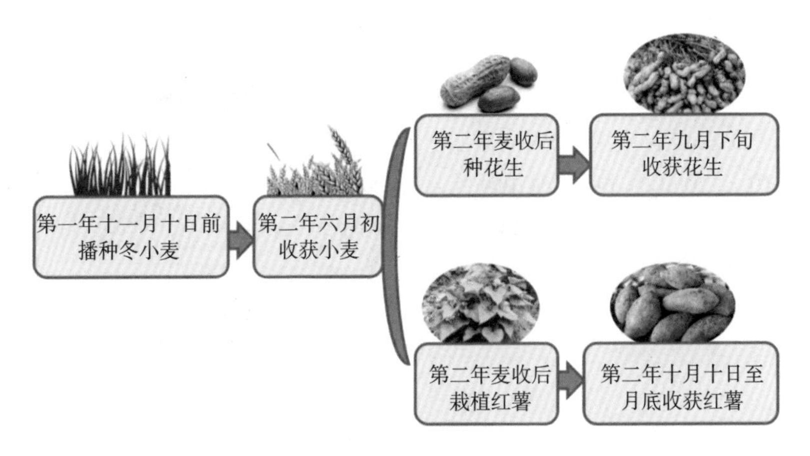

图18　小麦全蚀病，轮作模式，小换茬（1）

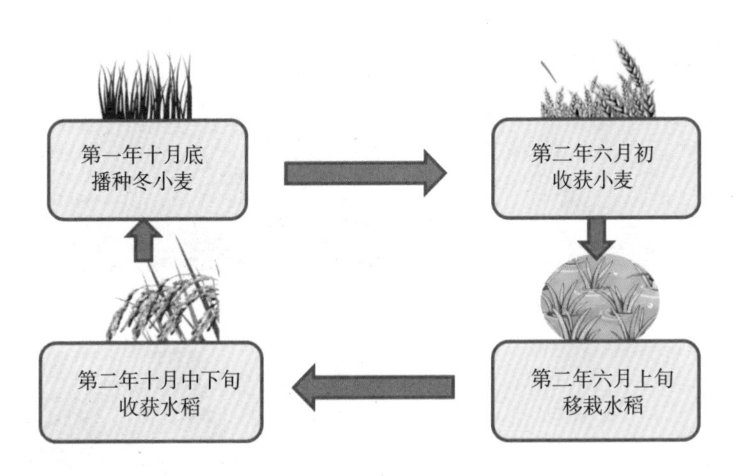

图19　小麦全蚀病，轮作模式，小换茬（2）

灌根（图20）。

4. 科学用药

（1）土壤处理。播种前选用70%甲基硫菌灵可湿性粉剂每亩

2 ~ 3kg，加细土 20 ~ 30kg 混匀，犁地后撒施耙地混土均匀（图 21 ~ 23）。

（2）药剂拌种。用 12.5% 硅噻菌胺悬浮剂 20mL，或用 2.5% 咯菌腈悬浮种衣剂 10 ~ 20mL + 3% 苯醚甲环唑悬浮种衣剂 50 ~ 100mL，拌麦种 10kg（图 24 ~ 图 26）。

图 20　小麦全蚀病，荧光假单胞杆菌制剂

图 21　小麦全蚀病，土壤处理，制作毒土

图 22　小麦全蚀病，土壤处理，撒施垡头

图 23　小麦全蚀病，土壤处理，撒施毒土后混土

图 24　小麦全蚀病，拌种现场

图 25　小麦全蚀病，拌种装袋

图 26　小麦全蚀病，包衣拌种后晾干

六、小麦根腐病

分布与为害

小麦根腐病分布极广，凡有小麦种植的国家均有发生，我国主要分布在东北、西北、华北等地区，近年来不断扩大，广东、福建麦区也有发现。能为害小麦幼苗及成株的根、茎、叶、穗和种子，造成小麦叶片发黄枯死或整株、成片枯死（图 1、图 2），千粒重降低。种子感病后籽粒瘪瘦，胚部变黑，发芽率低。一般发病田减产 10% ～ 20%，重病田减产 50% 以上。

图1　小麦根腐病，大田为害状，枯白穗

图2　小麦根腐病，根系腐烂死亡

症状特征

小麦根腐病在小麦整个生育期都可以发生，表现症状因气候条件、生育期而异。干旱或半干旱地区，多引起茎基腐、根腐（图 3）；多湿地区除以上症状外，还引起叶斑、茎枯、穗颈枯。返青时地上部多表现为死苗，成株期地上部多表现为叶枯、死株、死穗、植株倒伏等。

种子带菌发病重者多不能发芽，发病轻者在胚芽鞘、地下茎、幼根、叶鞘上产生褐色或黑色病斑（图4），小麦茎基部近分蘖节处出现褐色病斑，近地面的叶鞘出现褐色梭形病斑，一般不深达茎节内部。种子带菌的小麦根部受害后生长势极弱，易提早死亡。

图3　小麦根腐病，根部受害，地下茎变色

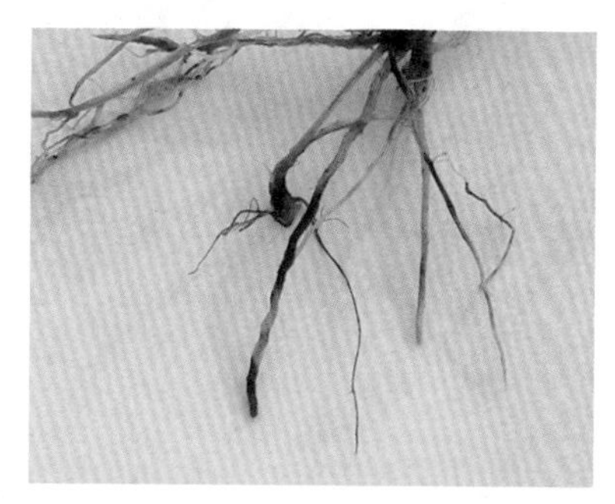
图4　小麦根腐病，幼根受害形成黑色病斑

小麦生长期根部发病后，常造成根系发育不良，次生根少，种子根、茎基部出现褐色或黑色斑点，可深达内部，严重的次生根根尖或中部也褐变腐烂，分蘖节腐烂死亡（图5），分蘖枯死，生长中后期部分或全株成片死亡。

被害籽粒在种皮上形成不规则病斑，以边缘黑褐色、中部浅褐色的长条形或梭形病斑较多，严重时胚部变黑，称为“黑胚病”（图6）。

小麦根腐病的根皮层易与根髓分离而脱落，而全蚀病的根皮层通常与根髓成一体，不易脱落，以此可区分两种病害（图7、图8）。

图5　小麦根腐病，分蘖节受害

图6　小麦根腐病，籽粒被害形成黑胚

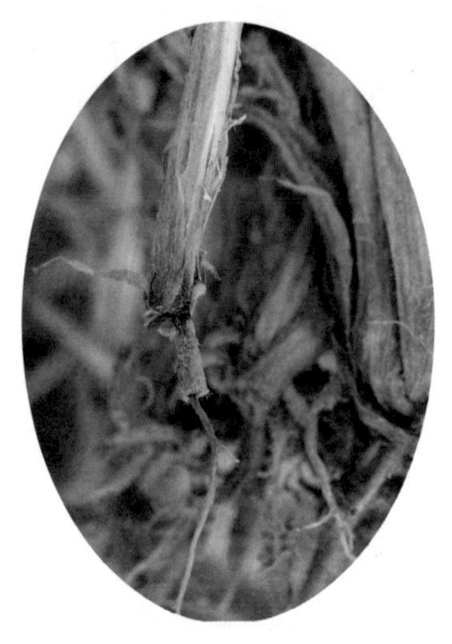

图 7　小麦根腐病，根部皮层与根髓分离脱落

图 8　小麦全蚀病，根部皮层与根髓不分离

发生规律

病菌随病残体在土壤中或在种子上越冬或越夏，分生孢子经胚芽鞘或幼根侵入，引起地下茎或次生根，或茎基部叶鞘等部位发病。带菌种子是引起叶斑的重要初侵染源。小麦拔节后至成株期，根腐菌继续扩展，叶斑也从下向上不断扩展，地面上的病残体和植株病部不断产生大量病菌分生孢子，借风雨传播，进行再侵染。

播种过迟、过深、多年连作、土壤内积累菌源量大、种子带菌率高时发病重。土壤过干过湿、土壤黏重或地势低洼时发病重。幼苗受冻，地下部根系发病重；高温多雨，地上部发病重。气温 18 ~ 25℃，相对湿度 100%，叶片、穗部发病重，易引起枯白穗和黑胚粒，种子带菌率高。采取深翻、中耕、合理施肥、浇水等栽培措施的发病轻。品种间抗病性有差异。

绿色防控技术

1. 农业防治

（1）选用抗（耐）病和抗逆性强的小麦品种。郑麦 9962、平安 8

号和周麦 24 等抗病性较强。品种要定期轮换，保持品种抗性稳定；不在病田留种，不种植带有黑胚病的种子。

（2）合理轮作。实行轮作倒茬，与豆类作物、马铃薯、油菜、蔬菜等非禾本科作物轮作（图 9）。小麦收获后，将病残体清理出麦田或集中烧毁（图 10）。

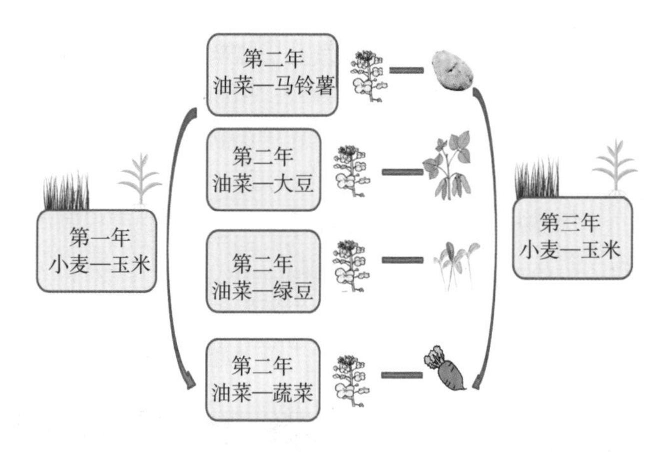

图 9　小麦根腐病，轮作模式

图 10　小麦根腐病，秸秆利用，清洁田园

（3）加强栽培管理。适期晚播，合理密植，采用宽窄行种植模式播种（宽行 20cm、窄行 13cm），通风透光好，病害发生轻。增施有机肥、磷肥，科学配方施肥，培肥地力。合理灌溉，及时排涝，避免土壤干旱或过湿。及时清除田边杂草，减少病虫中间寄主。

2. 选育抗根腐病转基因小麦 葡聚糖是绝大多数真菌细胞壁的主要成分，葡聚糖酶可以水解不同的葡聚糖，植物防卫反应中的 β-1，3-葡聚糖酶作用于以 β-1，3-糖苷键连接起来的多聚糖，能破坏病原真菌细胞壁导致病菌失活，从而使植物表现出抗病性，将 β-1，3-葡聚糖酶基因插入高效表达载体质粒 pATC940 中，通过基因枪转化法获得转基因植株，此转基因小麦植株对白粉病和根腐病抗性显著提高。

另外，土壤中的枯草芽孢杆菌菌株 G0402 对小麦根腐病菌的菌丝生长和孢子萌发也有较强的抑制作用。

3. 科学用药 用 6% 戊唑醇悬浮种衣剂 50mL，或 2.5% 咯菌腈悬浮种衣剂 15mL ~ 20mL，或 15% 多 · 福悬浮种衣剂 150 ~ 200mL，拌小麦种子 100kg（图 11）。发病重时，选用 12.5% 烯唑醇可湿性粉剂 1 500 ~ 2 000 倍液，或 50% 多菌灵可湿性粉剂 1 000 倍液，或 50% 甲基硫菌灵可湿性粉剂 1 000 倍液喷雾，保护小麦功能叶，第 1 次在小麦扬花期，第 2 次在小麦乳熟初期。

图 11　小麦根腐病，小麦拌种

七、小麦茎基腐病

分布与为害

小麦茎基腐病是一种世界性病害，在美国、加拿大、澳大利亚、意大利等国家都有分布，在我国河南、山东、河北、安徽、江苏、山西、陕西等省的小麦产区均有分布，近年在黄淮部分麦区有加重趋势。主要侵染小麦基部 1 ~ 2 节叶鞘和茎秆，造成小麦倒伏和提前枯死（图 1）。一般减产 5% ~ 10%，严重时可达 50%以上，甚至绝收。

图 1　小麦茎基腐病，大田为害状

症状特征

茎基部叶鞘受害后颜色渐变为暗褐色，无云纹状病斑，容易和小麦纹枯病相区别（图 2、图 5）。随病程发展，小麦茎基部节间受侵染变为淡褐色至深褐色（图 3），田间湿度大时，茎节处、节间生粉红色或白色霉层，茎秆易折断（图 4、图 6）。病情发展后期，重病株提早枯死，形成白穗。逢多雨年份，和其他根腐病的枯白穗类似，枯白穗易腐生杂菌变黑。

图 2　小麦茎基腐病，叶鞘变褐色，并且无云纹状病斑

图 3　小麦茎基腐病，节间受害变褐色

图 4　小麦茎基腐病，小麦受害节及节间生粉红色霉层

图 5　小麦纹枯病，叶鞘上有典型的云纹状病斑

图 6　小麦茎基腐病，受害小麦茎节处生白色霉层

发生规律

小麦茎基腐病是一种典型的土传病害，病原种类复杂，主要有镰刀菌和根腐离蠕孢。病原以菌丝体、分生孢子、厚垣孢子的形式存活于土壤中的病残体组织中，一般可存活 2 年以上。病原菌从小麦茎基部或根部侵入，并扩展为害。田间靠耕作措施传播。除小麦外，还可侵染大麦、玉米等禾本科作物和杂草。

早播发病重，适期迟播发病轻。黏性土壤、地势低洼、排水不良、田间湿度大发生重。偏施氮肥、土壤缺锌发病重。小麦品种间抗病性有差异。

绿色防控技术

1. 农业防治

（1）选择周麦 24、周麦 26、周麦 27、华育 198、开麦 18、百农 207、平安 8 号、兰考 198、许科 718、泛麦 8 号、豫麦 1 号、豫麦 201、济麦 22、郑麦 9023 等抗（耐）病性较强的品种。

（2）合理轮作。重病田采取小麦与油菜、棉花、豆类、烟草、蔬菜等双子叶作物进行 2 ～ 3 年轮作，能有效减轻病情（图 7）。

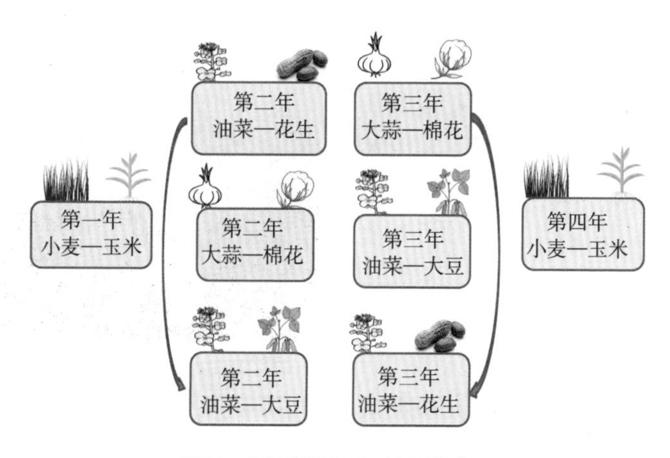

图 7　小麦茎基腐病，轮作模式

（3）清除病残体。重病田严禁秸秆还田，收获时留低茬并将秸秆清理出田间进行腐熟或作他用。确需还田应进行充分粉碎和深翻，并施用秸秆腐熟剂（图 8、图 9），加速病残体降解，减少田间病原菌数量。

（4）适期晚播，避免过早播种。控制氮肥用量，适当增施磷钾肥和锌肥，每亩可施用硫酸锌 1 ～ 2 kg，能减轻小麦茎基腐病病情。

（5）推广节水灌溉，降低田间湿度（图 10）；小麦苗期及时防治麦蚜、麦叶螨，减少害虫为害造成的伤口；及时冬灌，预防冻害；小麦生长中后期结合防治病虫害喷洒叶面肥，促进小麦健壮生长，增强抗病能力。

图8　小麦茎基腐病，配制秸秆腐熟剂毒土

图9　小麦茎基腐病，田间撒施秸秆腐熟剂

2. 生物防治　洋葱伯克氏菌对假禾谷镰刀菌引起的小麦茎基腐病有明显的抑制作用；利用木霉菌处理小麦秸秆并掩埋，可以加速病原菌的死亡，处理后6个月可将小麦秸秆上面的假禾谷镰刀菌完全清除。

图10　小麦茎基腐病，节水灌溉

3. 科学用药

（1）药剂拌种。用2.5%咯菌腈悬浮种衣剂10～20mL＋3%苯醚甲环唑悬浮种衣剂50～100mL，拌麦种10kg；或用6%戊唑醇悬浮种衣剂50mL，拌小麦种子100kg。

（2）生长期药剂喷洒。小麦苗期至返青拔节期，在发病初期，每亩用12.5%烯唑醇可湿性粉剂45～60g，或50%氯溴异氰尿酸可湿性粉剂40g对水40～50kg喷雾防治。

八、小麦孢囊线虫病

分布与为害

小麦孢囊线虫病是近年来发生的一种新病害，现已在澳大利亚、美国、英国、德国、俄罗斯、加拿大、日本、印度、中国等40个国家发生为害。我国1989年在湖北首次报道了该病，目前该病分布于湖北、河北、河南、北京、山西、陕西、内蒙古、青海、甘肃、山东、安徽、江苏和宁夏13个省（市、区）。小麦受害后叶片发黄似干旱缺肥状，生长缓慢，分蘖少，成穗率降低，穗粒数减少。一般能造成小麦减产20%～30%，严重的减产50%以上，甚至绝收（图1～图4）。

图1 小麦孢囊线虫病，大田受害状，苗期

图2 小麦孢囊线虫病，大田受害状，抽穗期

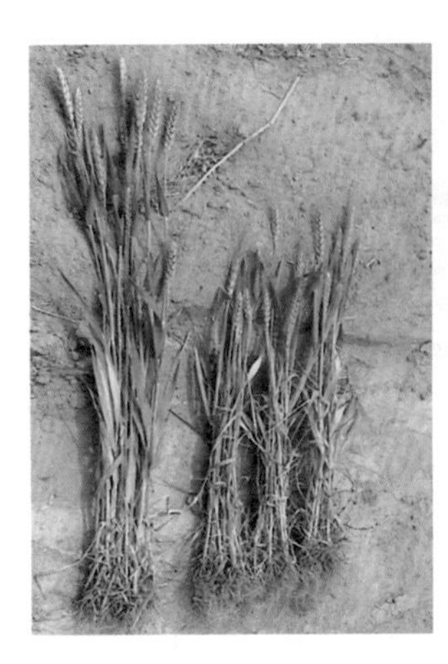

图3　小麦孢囊线虫病，病株（右）与健株（左）株高对比，病株矮化

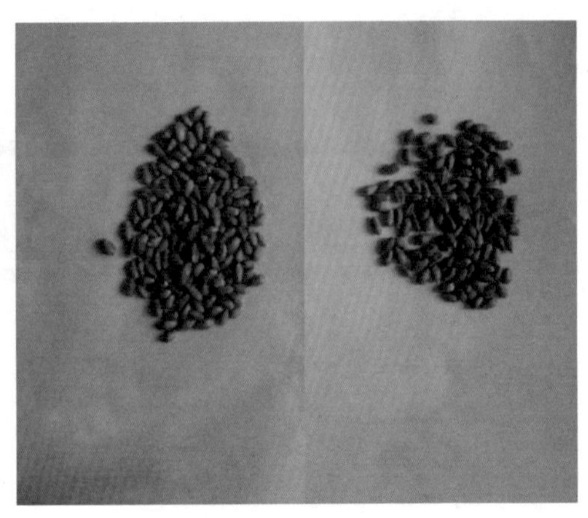

图4　小麦孢囊线虫病，病株籽粒（右）与健株籽粒（左）对比，病株籽粒秕瘦

症状特征

小麦孢囊线虫为植物固定性内寄生线虫，侵入小麦根系后导致小麦根系发育异常，影响养分的输送和积累。小麦受害后在不同的生育期表现出的症状不一，地上部的表现症状是小麦孢囊线虫为害小麦根系所致。

1. 苗期　地上部表现为植株矮化，叶片发黄，麦苗瘦弱，分蘖明显减少或不分蘖，似缺肥缺水状（图5），小麦根分叉多而短，根部出现大量根结（图6），病、健株根系差别明显。

2. 拔节期　病株生长势弱，明显矮于健株（图7）。病苗在田间分布不均匀，常成片发生。地下部分根系有多而短的分叉，形成大量根结，严重时扭结成乱麻状须根团（图8）。

3. 灌浆期　小麦群体常现绿中加黄、高矮相间的山丘状；根部可见大量白色孢囊（图9、图10）；成穗少，穗小粒少，产量低。

图 5　小麦孢囊线虫病，受害小麦苗期叶片发黄，似缺肥状

图 6　小麦孢囊线虫病，小麦根分叉多而短，根部出现根结

图 7　小麦孢囊线虫病，拔节期病株（左）与健株（右）株高对比，病株矮化

图 8　小麦孢囊线虫病，受害小麦苗期根部形成大量根结，扭结成须根团

图 9　小麦孢囊线虫病，根部附着的大量孢囊

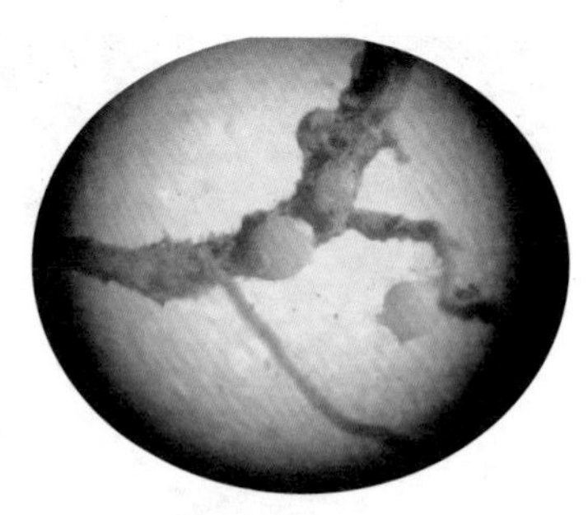

图10　小麦孢囊线虫病，附着在根上的孢囊（放大）

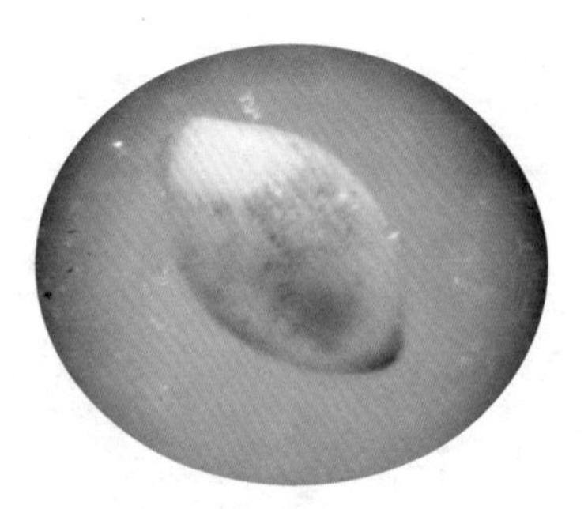

图11　小麦孢囊线虫病，雌成虫

发生规律

1.生活史　该线虫在我国一般1年发生1代，主要以孢囊在土壤中越夏。当秋季气温降低，土壤湿度合适时，越夏孢囊内的卵先孵化成1龄幼虫，在卵内蜕皮后破壳而出变为2龄幼虫。2龄侵染性幼虫侵入小麦根部，在根内发育至3～4龄，4龄幼虫蜕皮后发育为雌成虫（柠檬形）（图11）或雄成虫（线形）。雄成虫进入土壤寻找雌成虫交配后死去，而雌成虫定居原处取食为害，开始孕卵，其体躯急剧膨大，撑破寄主根部表皮显露于根表，以后进一步发育老熟，成为褐色孢囊，孢囊一旦老熟，很容易从根上脱落至土壤中。因此，田间调查孢囊的最佳时期是小麦抽穗扬花期。随着小麦的根系成熟黄朽，孢囊变褐老熟，脱落遗散于土中，成为下一季作物的初侵染源。

2. 传播途径　土壤是该线虫传播的主要途径，耕作、流水、农事操作及人畜带的土壤等可以近距离传播，农机具和种子携带带有线虫的土块可以远距离传播。在澳大利亚，大风形成的扬沙可以将线虫孢囊传至较远的田块。

3. 发病条件

（1）气候因素。在幼虫孵化时期，恰逢天气凉爽而土壤湿润，土壤空隙内充满的水分利于幼虫孵化并向植株根部移动，为害严重；在小麦的生长季节，干旱或早春出现低温天气，受害加重。

（2）土壤因素。据调查，该线虫在除红棕土外的各类土壤中均有分布。一般在沙壤土及沙土中该线虫群体大、为害严重，黏重土壤中为害较轻。河南农业大学研究发现，土壤含水量过高或过低均不利于线虫发育和病害发生，平均含水量8% ~ 14%有利于发病。

（3）肥水因素。氮肥能够抑制该线虫群体增长，钾肥则刺激该线虫孵化及生长。土壤水肥条件好的田块，小麦生长健壮，损失较小；土壤肥水状况差的田块，则损失较大。

（4）作物及品种。小麦、大麦、燕麦等多种禾谷类作物都是该线虫的寄主，但感病程度有所不同。在河南省，小麦是该线虫的主要寄主作物，不同小麦品种间对该线虫的抗（耐）病性存在明显差异。

绿色防控技术

1. 植物检疫 小麦孢囊线虫病是一类为害小麦等禾谷类作物的重要线虫病害，目前小麦孢囊线虫病在我国尚属局部地区发生。为防止病害发生面积进一步扩大，应在调查其分布、寄主作物和杂草、为害情况的基础上，划分疫区、非疫区进行管理，严格检疫，防止病害通过引种、农机具携带等人为方式从疫区向非疫区的传播。

2. 农业防治

（1）种植抗病品种。目前大面积推广的小麦品种中没有高抗品种，生产中发现太空6号、中育6号、豫麦34号、豫麦58、周麦22、温麦16、矮抗58、濮麦9号、新麦18、淮麦18、淮麦29等具一定的抗病性。

（2）轮作。通过与非寄主植物或不适合的寄主植物（如非禾本科作物豆科植物大豆、豌豆及三叶草和苜蓿等）轮作（图12），可以降低土壤中小麦孢囊线虫的种群密度；与水稻、棉花、油菜连作2年后种植小麦，或与胡萝卜、绿豆轮作3年以上（图13），可有效防治小麦孢囊线虫病。在与非禾本科作物轮作期间，禾本科杂草也可成为小麦孢囊线虫度过不良环境的临时寄主，致使轮作失败。因此，及时清除田间的野燕麦等禾本科杂草可减轻小麦孢囊线虫的发生。对土地进行休耕也可降低该线虫的密度。夏天天气炎热能造成孢囊失水而死，因此，将休耕的土地深翻可使线虫种群数量减少。

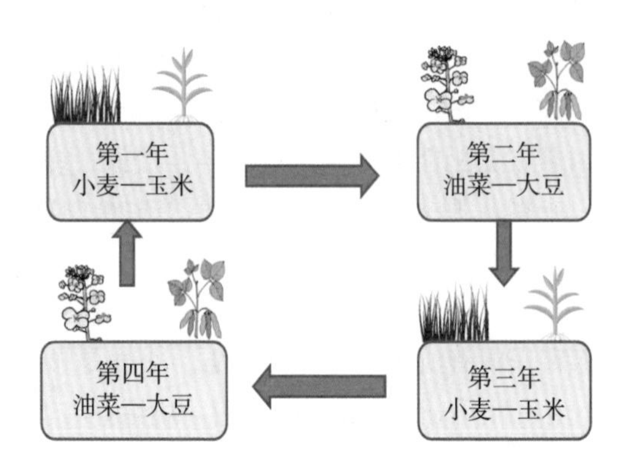

图12　小麦孢囊线虫病，轮作模式（1）

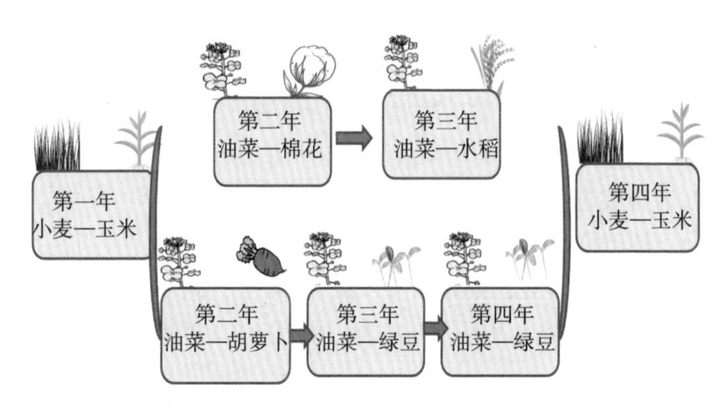

图13　小麦孢囊线虫病，轮作模式（2）

（3）适当调整播种期。土壤温度对小麦孢囊线虫的生活史、对寄主植物的为害性存在很大的影响，低温可以刺激卵的孵化和抑制寄主根系的生长。因此，调节小麦播种期，适当早播，可以减少病害损失。随温度的降低，大量2龄幼虫孵化时，小麦根系已经发育良好，抗侵染能力增强，发病减轻。

（4）合理施肥和灌水。适当增施氮肥、磷肥和充分腐熟的有机肥，改善土壤肥力，促进植株生长，可降低小麦孢囊线虫病的为害程度。

忌偏施钾肥，否则加重病情。干旱时应及时灌水，能有效减轻为害。

（5）播种时适当镇压、播后灌水，能减轻小麦孢囊线虫病的为害（图 14、图 15）。

图 14　小麦孢囊线虫病，播种后镇压

图 15　小麦孢囊线虫病，播种后灌水

（6）做好农机消毒清理。在病区作业的农机作业完毕后要严格消毒清理后再转场作业，避免携带病原远距离传播。

（7）盐水选种。将种子倒入 20% 盐水中，迅速搅动，将浮出的虫瘿捞出再用清水清洗种子。

3. 生物防治　在小麦返青期用 0.5% 阿维菌素颗粒剂 30kg/hm^2 处理，对小麦孢囊线虫病具有较好的防治效果。拟青霉素 Z4 菌剂、曲霉属生防真菌 HN132 和 HN214、球孢白僵菌 08F04、淡紫拟青霉（图 16）都能用于孢囊线虫病防治。使用捕食性线虫可降低大麦上 65% 的小麦孢囊线虫孢囊。土壤中的厚垣轮枝菌对小麦孢囊线虫也具有一定的防效。厚垣孢普奇尼亚霉菌、嗜线疫霉也可有效控制燕麦孢囊线虫病为害。

图 16　小麦孢囊线虫病，淡紫拟青霉制剂

4. 科学用药　在小麦播种期用 10% 克线磷颗粒剂或 10% 噻唑膦颗粒剂，每亩 300 ~ 400g，播种时沟施，能在一定程度上降低该线虫的为害。

九、小麦黄花叶病毒病

分布与为害

小麦黄花叶病毒病又称小麦梭条斑病毒病、小麦土传花叶病毒病，在山东、河南、江苏、浙江、安徽、四川、陕西等省均有分布，以山东沿海、河南南部及淮河流域发生较重。本病主要在冬小麦生长前期为害，小麦受害后叶片失绿，植株矮化，分蘖减少，成穗率降低。一般减产 10% ~ 30%，重者减产 50% 以上，甚至绝收（图 1、图 2）。

图1　小麦黄花叶病毒病，大田为害状

图2　小麦黄花叶病毒病，大田为害状，严重病田

症状特征

该病一般点片发生，严重时会全田发病（图 3、图 4）。发病初期病株叶片呈现褪绿或坏死梭形条斑，与绿色组织相间，呈花叶症状，后造成整片病叶发黄、枯死（图 5 ~ 图 7）。重病株严重矮化（图 8），

分蘖减少，节间缩短变粗，茎基部变硬老化，抽出新叶黄花枯死。

图3　小麦黄花叶病毒病，田间点片发病

图4　小麦黄花叶病毒病，全田发病

图5　小麦黄花叶病毒病，花叶症状

图6　小麦黄花叶病毒病，叶片上的坏死条斑

图7　小麦黄花叶病毒病，病株叶片全部变黄

图8　小麦黄花叶病毒病，严重发病田少量健康植株与矮化病株株高比较

发生规律

小麦黄花叶病毒病是一种土传病害，传毒媒介是习居于土壤中的禾谷多黏菌。秋苗期侵染多不显症，翌年麦苗返青阶段开始发病，小麦拔节前后为发病盛期。病情发展的适宜温度为 5 ~ 15℃，土壤温度达到 20℃以上或干旱时该病停止发展。该病主要靠病土、病根残体、病田水流传播，也可以经汁液摩擦接种传播。播种早，播量大，容易引起麦苗冬前旺长，抗病、耐病能力降低。麦播后气温较低、土壤湿度大、春季气温回升慢、长期阴雨低温天气，则病害发生重。

绿色防控技术

防治小麦黄花叶病毒病应以追施尿素等速效氮肥为主，辅以叶面肥，促进苗情转化，减轻病害损失。

1. 农业防治

（1）选用抗病品种。选用新麦 208、豫麦 70–36、泛麦 5 号、郑麦 366、豫麦 9676 和陕麦 229 等抗（耐）病小麦品种，减轻病情。

（2）合理轮作。与非寄主作物油菜、马铃薯等进行多年轮作倒茬，能明显减轻病情（图 9）。

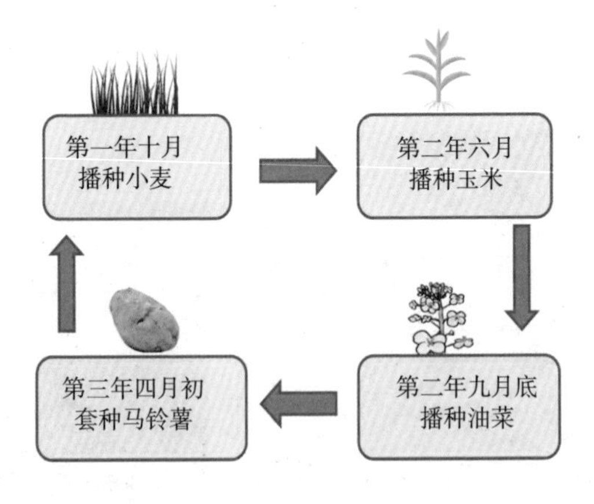

图 9　小麦黄花叶病毒病，轮作模式

（3）适期晚播。适当推迟播期可避开传毒介体的最适侵染期，减轻病情。

（4）加强肥水管理。亩施腐熟有机肥 3 ~ 5m^3，氮肥（纯氮）11 ~ 13kg，磷肥（五氧化二磷）7.5 ~ 9kg，钾肥（氧化钾）7.5 ~ 9kg。小麦返青期对感病地块每亩追施 8 ~ 10kg 尿素，并结合追肥，及时浇水，增强植株的抗病性。

2. 生物防治　在病害发生初期，每亩用 6% 寡糖·链蛋白可湿性粉剂 30g 对水均匀喷雾，可诱导小麦植株对小麦黄花叶病毒病产生明显抗病性（图 10）。

图 10　防治小麦黄花叶病毒病的寡糖·链蛋白制剂

3. 科学用药　发病后每亩用 0.06% 甾烯醇微乳剂 30 ~ 40mL 对水喷雾；也可追施 5 ~ 8kg 尿素补充营养，同时每亩用 20% 盐酸吗啉胍·乙铜可湿性粉剂 100g + 0.01% 油菜素内酯水剂 10mL + 磷酸二氢钾 100g，对水喷雾，能明显减轻病情。

十、小麦黄矮病

分布与为害

小麦黄矮病是由麦蚜传播的一种病毒性病害，全国麦区均有发生，以黄河流域为害较重。一般能造成小麦减产 10% ~ 20%，发病严重时减产可达 50% 以上，甚至绝收。

症状特征

小麦受害后主要表现为叶片黄化，植株矮化（图 1、图 2）。叶片上的典型症状是新叶发病从叶尖渐向叶基扩展变黄，黄化部分占全叶的 1/3 ~ 1/2，叶基仍为绿色，且保持较长时间，有时出现与叶脉平行但不受叶脉限制的黄绿相间条纹（图 3、图 4）。麦播后分蘖前受侵染的植株矮化严重（但因品种而异），病株极少抽穗；冬麦发病不显症，越冬期间不耐低温易冻死，能存活的翌年春季分蘖减少、病株严重矮化、不抽穗或能抽穗但穗很小。拔节孕穗期感病的植株稍矮，根系发育不良。抽穗期发病者仅旗叶发黄，植株矮化不明显，能抽穗，但千粒重降低。

与生理性黄化的区别在于，生理性黄化从下部叶片开始发生，整叶发病，田间发病较均匀。小麦黄矮病下部叶片绿色，新叶黄化，旗叶发病较重，从叶尖开始发病变黄，向叶基发展，田间分布有明显的发病中心病株。

图1　小麦黄矮病，发病中心

图2　小麦黄矮病，大田为害状，小麦成片发黄、矮化

图3　小麦黄矮病，小麦叶片上部发黄部分占叶片的1/3至1/2

图4　小麦黄矮病，受害叶叶片现黄绿相间条纹

发生规律

小麦黄矮病由黄化病毒组（Luteoviruses）中的大麦黄矮病毒（barley yellow dwarf virus）引起，感染小麦后，随植株体内营养运转到生长点。在16～20℃条件下，病毒的潜育期为15～20d。温度降低，潜育期延长。25℃以上逐渐潜伏隐症，30℃以上不易显症。

图5 小麦黄矮病，传毒媒介成虫

大麦黄矮病毒不能由土壤、病株种子、汁液等传播。在我国，该病毒由麦二叉蚜、麦长管蚜、黍缢管蚜、麦无网长管蚜、玉米蚜等传播，以麦二叉蚜（图5）为主。其传毒蚜虫来源于自生麦苗和禾本科杂草，或为秋作物上的带毒蚜虫，或为随季风远距离迁飞来的带毒蚜虫。小麦从幼苗到成株期均能感病，麦田附近杂草的多少、传毒蚜虫虫口密度的大小、带毒蚜迁移早晚和小麦生长阶段的不同都与发病轻重有直接关系。气候条件有利于蚜虫繁殖时，常引起黄矮病严重发生。此外，播种过早、土壤瘠薄、旱地、不进行冬灌、管理粗放等麦田发病重。

绿色防控技术

1. 农业防治

（1）选择抗（耐）病小麦品种。可以选择小偃22、临抗1号等品种。当病原微生物入侵时，植物组织的氧化酶活性增强，以抵抗病原物，凡小麦叶片呼吸旺盛、氧化酶活性高的品种，对病害的抵抗力就强，如小偃22、临抗1号等。

（2）加强栽培管理。冬麦区避免过早或过迟播种，及时冬灌。春麦区适期早播，强化肥水管理，增强植株的抗病性。及时深耕灭茬，减少田间杂草和自生麦苗，尽可能降低越夏寄主，切断毒源传播（图6、图7）。

（3）采用宽窄行种植模式播种（宽行20cm、窄行13cm），利于田间通风透光和小麦生长发育，提高植株的抗逆能力。

2. 科学用药

（1）药剂拌种。60%吡虫啉悬浮种衣剂20mL拌小麦种子10kg。

（2）防治传毒蚜虫。发现发病中心要及时拔除，并用10%吡虫啉可湿性粉剂或50%抗蚜威可湿性粉剂等对水喷雾，杀灭传毒蚜虫。当蚜虫和黄矮病毒病混合发生时，要采用黄板药剂治蚜、防治病毒病和健康栽培管理相结合的综合措施（图8、图9）。将防治蚜虫药剂、防治病毒药剂和叶面肥、植物生长调节剂等，按照适宜比例混合喷雾，能收到较好的效果。

图6　小麦黄矮病，田间自生麦苗

图7　小麦黄矮病，化学防除自生麦苗

图8　小麦黄矮病，黄板诱杀蚜虫

图9　小麦黄矮病，麦田大面积黄板诱杀蚜虫

十一、小麦秆黑粉病

分布与为害

图1　小麦秆黑粉病，严重发生田小麦全部枯死

小麦秆黑粉病在我国20多个小麦主产省（区）都有分布，主要发生在北部冬麦区。新中国成立初期，在河北、河南、山东、山西、陕西、甘肃等省及苏北、皖北地区发生普遍，局部为害严重，经有效防控基本绝迹。20世纪80年代，河南、河北等省发病率普遍回升，部分地区病情严重。小麦秆黑粉病主要为害叶、叶鞘和茎秆，小麦受害后一般减产10%～30%，重者减产50%以上，甚至绝收（图1）。

症状特征

小麦感病后病株矮化、卷曲或畸形，病穗卷曲在叶鞘内不能正常抽穗，或抽出畸形穗；多不结实，即使结实，种子也细小、皱缩。病株分蘖多，有时无效分蘖可达百余个，抽穗前即枯死（图2～图5）。

小麦拔节期后逐渐显现症状，最初在叶、叶鞘、茎秆等部位出现与叶脉平行的淡灰色条纹状冬孢子堆。孢子堆略隆起，初白色，后变为灰白色至黑色，病害组织老熟后，孢子堆破裂，露出黑粉（冬孢子）（图 6 ~图 8）。

图 2　小麦秆黑粉病，病株严重矮化，株高不及健株二分之一

图 3　小麦秆黑粉病，病株卷曲畸形

图 4　小麦秆黑粉病，抽出畸形穗

图 5　小麦秆黑粉病，病株抽穗前枯死

图6　小麦秆黑粉病，叶及叶鞘受害，病部隆起孢子堆条纹

图7　小麦秆黑粉病，茎秆叶鞘受害，病部隆起孢子堆条纹

图8　小麦秆黑粉病，病部孢子堆破裂散出黑粉（冬孢子）

发生规律

小麦秆黑粉病是幼苗系统性侵染病害，没有二次侵染。病原菌随病残体在土壤、粪肥中越冬传播，也可以随小麦种子做远距离传播。小麦收获前病菌的冬孢子有一部分落入土中，因感病小麦植株矮小，收获时大部分病株遗留在田间。当土壤中的冬孢子萌发后，侵入小麦叶鞘，进而到达生长点，随幼苗生长而发育，翌年春天显现症状。

小麦秆黑粉病的发生与土壤温度、湿度、出苗快慢、小麦个体强弱及品种抗病性等有关。土壤温度在 14 ～ 21℃最为适宜，土壤湿度低有利于病原侵染。播种过早或过晚，播种时墒情不好，播种过深，延长小麦出苗时间等时发病重。土壤贫瘠、土质黏重，整地粗糙、施肥不足，则发病重。品种间抗病性差异明显。

绿色防控技术

1. 农业防治

（1）选用矮抗 58、豫麦 49-198 系、北京 5 号、阿勃、矮丰 1 号、矮丰 2 号等抗病品种，严禁私自引种、串种，切断传播途径。

（2）加强栽培管理。适期迟播，精细整地，播种前要深耕、灌水、细耙、保墒，并施足基肥，施用种肥，以促使小麦幼苗尽快出土，减少病菌侵染；发病后及时拔除病株，并将病株带出田外烧毁或深埋；施用日本酵素菌沤制的堆肥或净肥。

（3）合理轮作。土壤传病为主的地区，可与非寄主作物进行 1 ～ 2 年轮作（图 9）。

2. 科学用药　用 6% 的戊唑醇悬浮种衣剂 50mL，拌小麦种子 100kg；或 15% 三唑酮可湿性粉剂 75g，拌小麦种子 50kg（图 10）。发病初期可用 15% 三唑酮可湿性粉剂，或 12.5% 烯唑醇可湿性粉剂，或 50% 多菌灵可湿性粉剂喷雾防治。

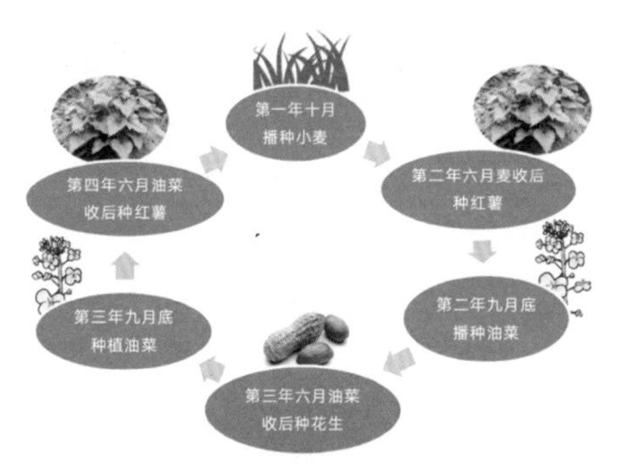

图 9　小麦秆黑粉病，轮作模式

图 10　小麦秆黑粉病，小麦拌种

十二、小麦散黑穗病

分布与为害

小麦散黑穗病俗称黑疸，我国小麦产区均有分布，除为害小麦外，也为害大麦。该病主要为害小麦穗部，偶尔也侵害叶片和茎秆，在其上长出条状黑色孢子堆。穗部受害后小穗全部或部分被毁，一般减产10% ~ 20%，严重的减产30%以上，对小麦的产量和品质影响很大（图1、图2）。

图1　小麦散黑穗病，为害小麦

图2　小麦散黑穗病，为害大麦

症状特征

小麦感染散黑穗病在孕穗前不表现症状。感病植株较健株矮，病穗比健穗较早抽出。最初感病小穗外面包有一层灰色薄膜，成熟后破裂散出黑粉（厚垣孢子），黑粉吹散后，只残留裸露的穗轴（图3 ~ 图5）。感病麦穗上的小穗全部被毁或部分被毁，仅上部残留少数健康小穗（图6）。主茎、分蘖的麦穗都能发病，在抗病品种上，部分分蘖麦穗不发病。

图3　小麦散黑穗病，受害小穗外面包裹一层灰色薄膜

图4　小麦散黑穗病，受害小穗外面的灰色薄膜破裂，散出黑粉

图5　小麦散黑穗病，受害病穗仅剩穗轴

图6　小麦散黑穗病，染病麦穗小穗全部被毁（左）及染病麦穗上部剩余部分健康小穗（右）

发生规律

小麦散黑穗病是花器侵染病害，1年只侵染1次。带菌种子是该病的唯一传播途径。

病菌以菌丝潜伏在种子胚内，当带菌种子萌发时潜伏的菌丝也萌发，随小麦生长发育经生长点向上发展，侵入穗原基。孕穗时病原菌丝体快速发育，使麦穗变为黑粉（即病原的厚垣孢子）。小麦扬花期，厚垣孢子随风落在健穗湿润的柱头上，孢子萌发产生菌丝侵入子房，随小麦发育进入胚珠，种子成熟时潜伏在胚内。带菌种子当年不表现症状，翌年发病，侵染小麦种子并潜伏，完成侵染循环。刚产生的厚垣孢子 24h 后即能萌发，萌发温度 5 ~ 35℃，最适温度 20 ~ 25℃。厚垣孢子在田间仅能存活几周，不能越冬、越夏。

小麦扬花期微风天气、空气湿度大或多雾、连续阴雨天气多，利于病原孢子传播、萌发和侵入，形成较多的带菌种子，翌年发病重；反之，气候干燥，种子带菌率低，翌年发病就轻。大雨易将病原孢子冲淋入土中，失去侵染机会，故扬花期大雨可使翌年发病减轻。

绿色防控技术

1. 农业防治

（1）选用抗病品种。

（2）合理轮作，精耕细作，足墒适时下种，使用无菌肥等。

（3）采用宽、窄行种植模式播种（宽行 20cm、窄行 13cm），提高田间通风透光能力，及时中耕，除草松土，培育壮苗，增强植株抗病能力。

2. 温汤浸种

（1）石灰水浸种。该方法可兼治多种小麦种传病害，并有增产作用，简便易行，容易掌握。具体方法是：用 1% 石灰水浸种，每 50kg 石灰水可浸麦种 30 ~ 40kg。浸种时间依气温而定，气温 35℃时，浸种 1d；气温 25℃时，浸种 2 ~ 3d 即可。浸种时水面要高出种子面 10 ~ 15cm，种子厚度不超过 66cm，麦种入水后不要翻动，浸过的麦种要摊开晒干（图 7）。

（2）冷浸日晒。在夏季气温较高的晴朗天气，早晨 4 ~ 6 时开始，将麦种浸在清水里 5h，到上午 9 ~ 11 时捞出，薄薄地摊在地面上，充分晒干。晒时要经常翻动，使得麦种充分受到日光照射，确保麦种温度均匀。一般中午 12 时到 13 时之间，日晒地面的温度可以达到 51℃，保持 0.5 ~ 1h，即可达到杀菌目的。但如果地面温度超过 55℃以上，则会降低小麦发芽率。需要注意的是，严禁在水泥地上晒种，以防温度过高而烧种，影响发芽率。冷浸日晒处理 1d 后，如种子干燥不透，第二天可以继续摊开晒干（图 8）。

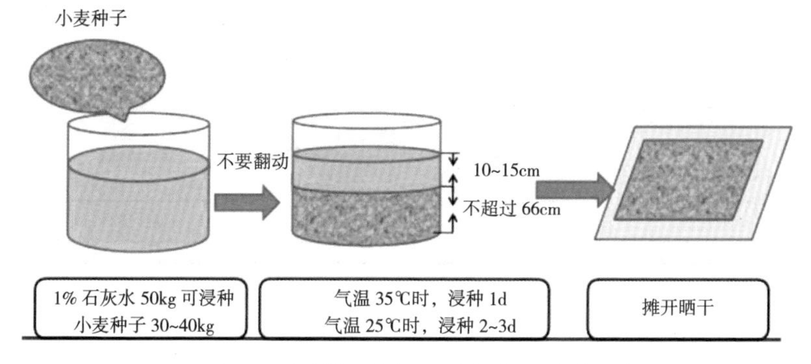

图 7　小麦散黑穗病，浸种方式，石灰水浸种

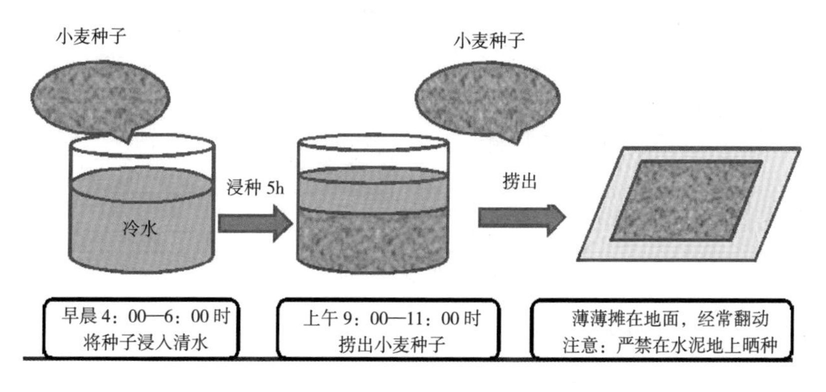

图 8　小麦散黑穗病，浸种方式，冷浸日晒

（3）恒温浸种。先将麦种放入 50 ~ 55℃热水中，立即充分搅拌使温度迅速稳定至 45℃，浸 3h 后移入冷水中冷却，然后捞出晾干播种（图 9）。

（4）变温浸种。麦种在冷水中预浸 4 ~ 6h，捞出后 52 ~ 55℃温水浸 1 ~ 2min，使种子温度升到 50℃，再捞出放入 56℃温水中，使水温降至 55℃浸 5min，迅速捞出经冷水冷却后晾干播种（图 10）。

3. 人工拔除　在种子田结合去杂进行认真检查，拔除病株，带到田外深埋（图 11）。

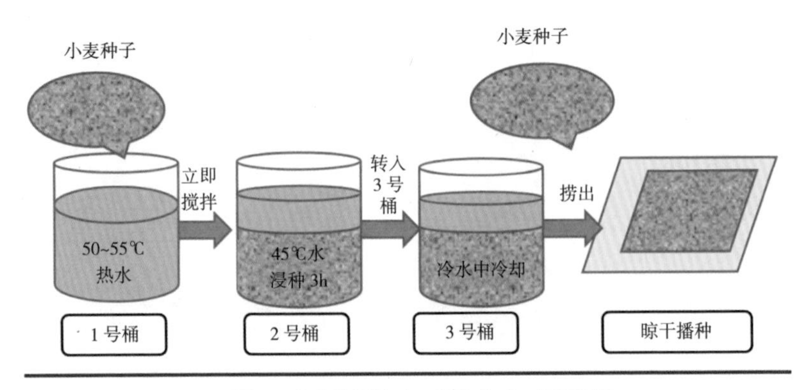

图9　小麦散黑穗病，浸种方式，恒温浸种

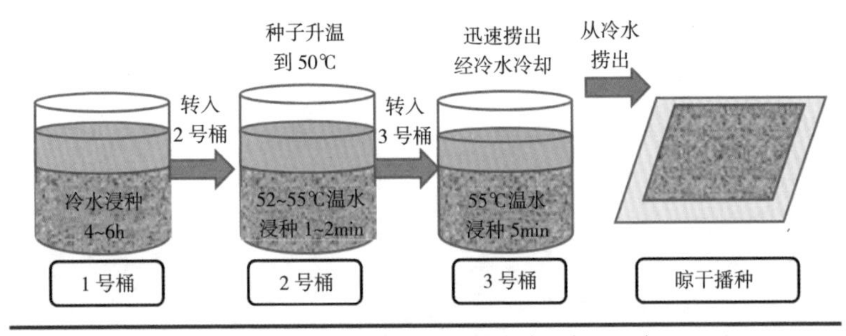

图10　小麦散黑穗病，浸种方式，变温浸种

4. 科学用药

（1）种子处理。用6%戊唑醇悬浮种衣剂50mL，或3%苯醚甲环唑悬浮种衣剂200～300mL，或2%灭菌唑悬浮种衣剂125～250mL，拌小麦种子100kg。

图11　小麦散黑穗病，结合种子田去杂人工拔除病株

（2）生长期防治。小麦抽穗扬花初期，用50%多菌灵可湿性粉剂或70%甲基硫菌灵可湿性粉剂喷雾。

十三、小麦腥黑穗病

分布与为害

小麦腥黑穗病在世界各小麦产区均有发生。我国主要是光腥黑穗病和网腥黑穗病，前者分布在华北和西北各省区，后者分布在东北、华中和西南各省区。矮腥黑穗病和印度腥黑穗病在我国尚未发生，是重要的进境植物检疫对象。

该病属系统侵染病害，小麦受害后多能正常抽穗，但感病株麦粒充满病原菌而丧失食用价值，所以该病一旦发生，会造成小麦严重损失，降低麦粒及面粉品质（图 1、图 2）。

图 1　小麦腥黑穗病，大田为害状

图 2　小麦腥黑穗病，小麦籽粒上附着的黑粉（冬孢子）

症状特征

小麦上的两种腥黑穗病表现症状无差别。病株一般较健株稍矮，分蘖增多。病穗较短，直立，颜色较健穗深；初为灰绿色，后变为灰白色。颖壳略向外张开，露出部分病粒菌瘿。小麦受害后，一般全穗麦粒均变成病粒。病粒较健粒短而胖，初为暗绿色，后变为灰黑色，外面包有一层灰褐色薄膜，里面充满黑粉冬孢子，病粒与健粒极易区别（图3 ~图6）。

图3　小麦腥黑穗病，病穗直立

图4　小麦腥黑穗病，颖壳张开，露出病粒

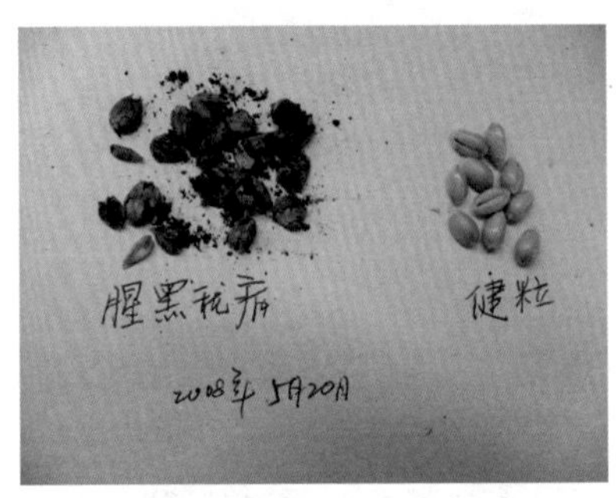

图5　小麦腥黑穗病，灌浆初期病健籽粒对比

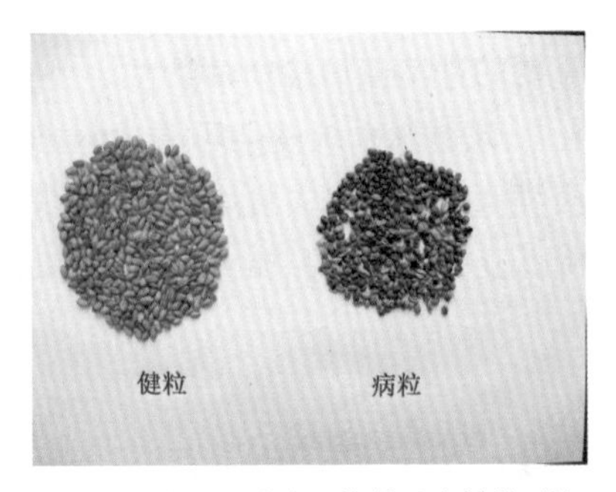

图6　小麦腥黑穗病，收获后病健粒对比

发生规律

小麦腥黑穗病病菌厚垣孢子附着在种子外表或混入粪肥、土壤内越夏或越冬。小麦发芽时，病菌由芽鞘侵入麦苗并到达生长点，在植株体内生长，至孕穗期侵入子房，破坏花器，至抽穗时在麦粒内形成菌瘿，内充满黑粉。小麦收获时病粒破裂，病菌飞散黏附在种子外表，或混入粪肥、土壤内越夏或越冬，翌年进行再次循环侵染。

小麦腥黑穗病是系统侵染病害，病菌侵入小麦幼苗的最适温度为9 ~ 12℃，病情轻重受菌源量、土壤温湿度、光照、栽培管理等条件影响。菌量高，发病重；冬麦晚播、春麦早播或播种较深，小麦出土慢，增加病菌侵染机会，发病重；地下害虫发生重的田块，幼苗受虫为害伤口多，利于病菌侵染，发病重。

绿色防控技术

1. 植物检疫　严格植物检疫，不从疫区调运种子，防止病原菌随种子传播蔓延。疫区的小麦产品向非疫区调运前需进行无害化处理。一旦查获带菌种子一律销毁。禁止病区农户自行留种、串换麦种，禁止带菌种子外调，严防带菌种子流入市场（图7）。

图7　小麦腥黑穗病，带有检疫标识的小麦种子包装

2. 农业防治

（1）选用抗病品种，因病菌生理小种变异快，选育难度较大；适期播种，提高播种质量，对于适期晚播小麦，播种时适当施用种肥可促进幼苗早出土，减少侵染机会。为促进幼苗及早出土，播种不宜过深，提倡采用深种浅覆技术；加强田间管理，合理灌水施肥，及时排涝；用带菌的场土、麦糠、麦秸等积肥需充分腐熟才能使用；合理轮作倒茬，在小麦腥黑穗病发生田块，翌年应与油菜、棉花、甘薯、花生等轮作，轮作年限越长，土壤带菌越少，发病越轻（图8）。

（2）清洁田园。在小麦成熟前（腥黑穗病症状明显时）进行大田普查。在小麦收获前或小麦病粒破裂之前进行以下操作，防止小麦收割时病菌孢子飞散蔓延：一是零星发病田块人工拔除病株（图9），远离田块集中烧毁；二是轻发田块剪除病穗统一烧毁，秸秆、麦糠等需焚烧处理；三是重发田块全部小麦焚烧处理，翌年需进行轮作，并且禁止用秸秆、麦糠饲养家畜、堆沤粪肥。

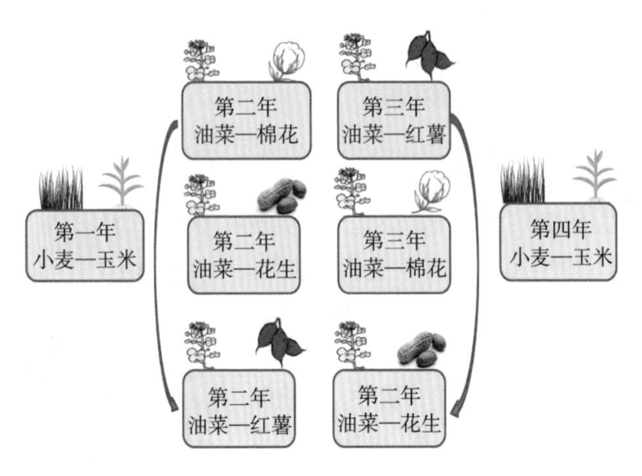

图8　小麦腥黑穗病，轮作模式

3. 科学用药

（1）药剂拌种。用6%戊唑醇悬浮种衣剂50mL，或2.5%咯菌腈悬浮种衣剂100～200mL，拌小麦种子100kg，可兼治小麦散黑穗病。

图9　小麦腥黑穗病，人工拔除病株

（2）土壤处理。可用50%多菌灵可湿性粉剂每亩2～3 kg或70%甲基托布津可湿性粉剂1～2 kg加细干土45～50 kg，搅拌均匀后制成毒土，于犁地后撒在地面，再耙耱，进行土壤消毒处理，然后播种。或用五氯硝基苯1kg/亩混细土20 kg均匀撒入播种沟，对土壤进行消毒。

十四、小麦霜霉病

分布与为害

小麦霜霉病又称黄化萎缩病，主要分布于长江中下游及西北、西南、华北等小麦产区。小麦染病后不能正常抽穗，千粒重明显降低。田间常零星、成片或全田发病，没有明显的发病中心。一般发病率为10% ~ 20%，重者高达50%以上，损失很重（图1 ~图3）。

图1　小麦霜霉病，大田为害状，发病早期，成片病株矮化发黄，不抽穗

图2　小麦霜霉病，大田为害状，发病早期，成行小麦中病健株对比

图3　小麦霜霉病，大田为害状，发病后期麦穗畸形

症状特征

小麦感病株显著矮缩，株高不到正常小麦的1/2（图4），叶片淡绿，变厚，皱缩扭曲，现黄白相间条形花纹（图5～图7）。病株茎秆粗壮，表面覆一层白霜状霉层。重病株旗叶弯曲下垂，通常不能正常抽穗或穗从旗叶叶鞘旁拱出，穗茎和穗部弯曲成弓形，或成畸形龙头拐状（图8～图10）。

图4　小麦霜霉病，病株矮化，株高不及健株的1/2

图5　小麦霜霉病，病株严重矮化

图 6　小麦霜霉病，病株叶片扭曲

图 7　小麦霜霉病，病株叶片褪绿，现黄白相间条形花纹

图 8　小麦霜霉病，病株心叶严重扭曲

图 9　小麦霜霉病，病株心叶扭曲，穗不能正常抽出

图 10　小麦霜霉病，病株穗茎、穗弯曲，或呈畸形龙头拐状

发生规律

病菌以卵孢子在土壤内的病残体上越冬或越夏。一般休眠 5 ~ 6 个月后发芽，产生游动孢子，在有水或湿度大时，萌发后从小麦幼芽侵入，进行系统性侵染。发病显症温度为 10 ~ 35℃，最适发病温度为 18 ~ 23℃。小麦播后芽前麦田被水淹及翌年 3 月又遇春寒，气温偏低利于该病发生。地势低洼、稻麦轮作田易发病。

绿色防控技术

1. 农业防治

（1）种植抗病品种，不私自引种。

（2）合理轮作。对重病地块，实行与非寄主作物 1 年以上的轮作（图 11）。

（3）深耕细耙，提高整地质量。适期播种，培育壮苗，增加植株抗寒抗病能力。

（4）加强栽培管理。采用配方施肥技术，均衡土壤营养。完善配套排灌设施，及时排出雨水，避免田间积水，防止湿气滞留。实施喷灌技术，避免大水漫灌。

（5）清除病残体。病害发生后，及早拔除病株，并带出田外深埋。

2. 药剂拌种 用种子重量 0.2% ~ 0.3% 的 25% 甲霜灵可湿性粉剂拌种，晾干后播种。小麦生长期表现发病症状时可喷洒 58% 甲霜灵·锰锌可湿性粉剂 800 ~ 1 000 倍液，或 72% 霜脲·锰锌可湿性粉剂 600 ~ 700 倍液，或 722g/L 霜霉威盐酸盐水剂 800 倍液等进行防治。

图 11 小麦霜霉病，轮作模式

十五、小麦叶枯病

分布与为害

小麦叶枯病是引起小麦叶斑和叶枯类病害的总称，广泛分布于我国小麦种植区。小麦叶枯病通常分为黄斑叶枯病、雪霉叶枯病、链格孢叶枯病、根腐叶枯病、壳针孢叶枯病和葡萄孢叶枯病等。多雨年份和潮湿地区发生比较严重。一般减产 10% ~ 30%，重者减产 50% 以上（图 1、图 2）。

图 1　小麦叶枯病，大田为害状，叶片受害发黄

图 2　小麦叶枯病，大田为害状，叶片受害枯死

症状特征

小麦叶枯病多在抽穗期发生，主要为害叶片和叶鞘。一般先从下部叶片开始发病枯死，逐渐向上发展（图 3、图 4）。发病初期叶片上生长出卵圆形淡黄色至淡绿色小斑，以后迅速扩大，形成不规则黄白色至黄褐色大斑块（图 5 ~ 图 8）。

图 3　小麦叶枯病，下部叶片发病

图 4　小麦叶枯病，上部叶片发病

图 5　小麦叶枯病，发病初期（1）

图 6　小麦叶枯病，发病初期（2）

图 7　小麦叶枯病，发病后期（1）

图 8　小麦叶枯病，发病后期（2）

发生规律

在冬麦区，病菌在小麦病残体上或种子上越夏，秋季开始侵入幼苗，以菌丝体在病株上越冬，翌年春季，病菌产生分生孢子传播为害。在春麦区，病菌的分生孢子器及菌丝体在小麦病残体上越冬，翌年春季小麦播种后产生分生孢子传播为害。低温多湿条件有利于此病的发生扩展。小麦品种间的抗病性有较大差异。

绿色防控技术

1. 农业措施

（1）选择抗病品种。可选择周麦 12 、周麦 21 号、周麦 24、郑麦 98、郑麦 366、郑麦 0856、郑麦 9023、郑麦 9405、济麦 4 号、先麦 10 号、矮抗 58、新麦 11、豫麦 49-198、豫麦 58-998 、豫麦 68、豫麦 70-36、豫农 949、许科 316、开麦 18、济麦 1 号、濮麦 9 号、汝麦 0319、洛麦 22、国引 2 号、太空 6 号等抗性品种。选用无病种子。

（2）加强栽培管理。适期适量播种，控制田间群体密度。采用宽窄行种植模式播种（宽行 20cm、窄行 13cm），改善田间通风透光条件，降低田间湿度，增强植株的抗病能力。做好秸秆还田，深翻土壤。施足基肥，科学配方施肥。增加麦田磷、钾及有机肥施用量，适当控制氮肥用量，合理控水，忌大水漫灌。促进小麦植株健壮生长。

2. 治蚜防病　小麦蚜虫刺吸叶片造成伤口并分泌蜜露，有利叶枯病病菌的侵入和扩展，加重病害发生程度。因此，及时防治小麦蚜虫，能减轻叶枯病发生为害程度。

3. 科学用药　小麦包衣拌种和抽穗扬花期施药是防治小麦叶枯病的两项关键技术。

（1）小麦包衣拌种。用 60g/L 戊唑醇悬浮种衣剂 50 ~ 65mL，或 30g/L 苯醚甲环唑悬浮种衣剂 200 ~ 300mL，或 15% 三唑醇可湿性粉剂 200 ~ 300g，或 30% 醚菌酯悬浮种衣剂 33 ~ 67mL，对水 2 ~ 3kg 拌麦种 100kg。拌种时应严格控制用药量，避免影响种子发芽。

（2）小麦抽穗扬花期，每亩用 12.5% 烯唑醇可湿性粉剂 25 ~ 30g，或 20% 三唑酮乳油 100mL 对水 50kg 均匀喷雾；也可用 50% 多菌灵可湿性粉剂 1 000 倍液，或 50% 甲基硫菌灵可湿性粉剂 1 000 倍液，或75% 百菌清可湿性粉剂500 ~ 600倍液喷雾。病情严重时，间隔5 ~ 7d 再补防 1 次。

十六、小麦颖枯病

分布与为害

小麦颖枯病广泛分布于我国小麦种植区，主要为害小麦未成熟的穗部，有时也为害小麦叶片、叶鞘和茎秆。小麦受害后穗粒数减少，籽粒瘪瘦，出粉率降低。一般颖壳受害率 10% ～ 80%，轻者减产 1% ～ 7%，重者减产 30% 以上（图 1）。

图 1　小麦颖枯病，大田为害状

症状特征

小麦穗部受害初期在颖壳上产生深褐色斑点，后变为枯白色，扩展到整个颖壳（图 2），在病部出现菌丝和小黑点（分生孢子器），发病重的不能结实。叶片和叶鞘上的病斑（图 3、图 4）初为长椭圆形、淡褐色小点，后逐渐扩大成不规则形，边缘有淡黄色晕圈，中间灰白色，其上密生小黑点。茎节受害呈褐色病斑，其上也生细小黑点。

图 2　小麦颖枯病，受害颖壳上的病斑

图 3　小麦颖枯病，受害叶片上的症状

图 4　小麦颖枯病，受害叶片及叶鞘上的病斑

发生规律

小麦颖枯病的发生与病残体、种子带菌、气候及栽培条件密切相关。该病喜温暖潮湿环境，高温多雨利于病害发生蔓延。病菌侵染温度 10 ~ 25℃，以 22 ~ 24℃最适。小麦颖枯病一般仅侵染未成熟的麦穗，至蜡熟期即不再侵染，严重年份也侵染小麦叶片、叶鞘和茎秆。连作田、土壤贫瘠、偏施氮肥、土壤潮湿的田块发病重。病菌在病残体或附在种子上越夏，秋季侵入麦苗，以菌丝体在病株上越冬。小麦品种间的

抗病性有差异。

绿色防控技术

1. 农业防治

（1）选用抗病品种。选用农艺性状好、抗（耐）病强的小麦品种。建立小麦品种抗病变异观察圃，严禁颖枯病发病田留种。

（2）清洁田园。搞好冬前和早春麦田人工或化学除草，麦收后及时深耕灭茬，促进病残体腐烂分解。消灭自生麦苗，压低越冬、越夏菌源。

（3）健康栽培。大力推广精耕细作，深翻土壤，精细整地，浇足底墒水。重病区，调整作物布局，合理轮作倒茬，实行2年以上轮作。

（4）肥水管理。施用腐熟有机肥，增施磷、钾肥，采用配方施肥技术，增强植株抗病能力。科学浇水，避免大水漫灌，及时排除田间积水。

（5）适时播种。足墒播种，确保一播全苗，苗全苗壮。适期晚播，推迟病菌侵染，减轻秋苗发病。控制播种量，防止群体过大，利于田间通风透光。

（6）浸种方式。

①恒温浸种。将麦种放入50 ~ 55℃热水中，立即搅拌，使水温

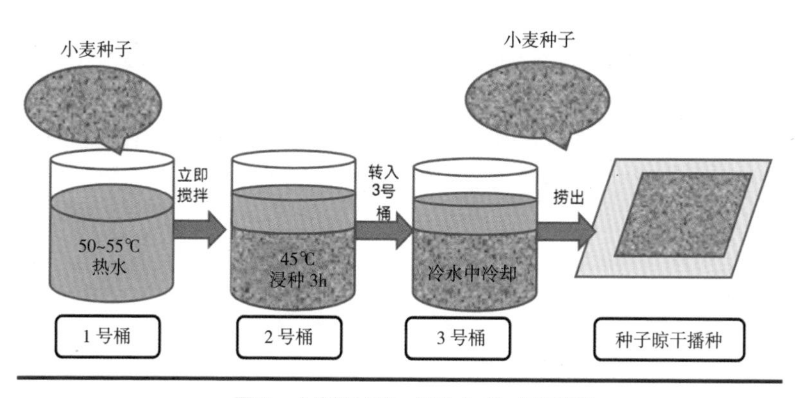

图5　小麦颖枯病，浸种方式，恒温浸种

迅速稳定至 45℃，并保持 45℃浸种 3h，捞出晾干播种（图 5）。

②石灰水浸种。用优质生石灰与水按 1 ：100 的比例配制成石灰水，除渣后浸种，保持水面静置且高出种子 10 ~ 15cm。浸种时间依气温而定，20℃时浸种 2 ~ 3d，30℃时仅需 1d，浸种过的麦种不需用清水冲洗，捞出摊开晾干播种（图 6）。

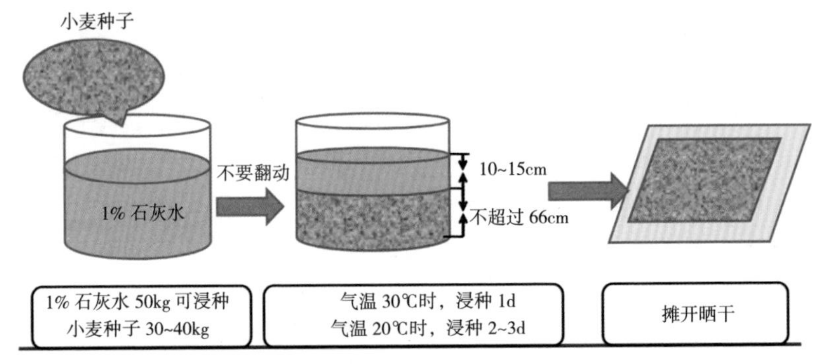

图 6　小麦颖枯病，浸种方式，石灰水浸种

2. 科学用药

（1）土壤处理。对重病田，可用 70% 甲基硫菌灵可湿性粉剂或 50% 多菌灵可湿性粉剂每亩 2.5kg，加细土 20kg，混匀施入播种沟内。

（2）种子处理。用 50% 多菌灵可湿性粉剂，或 70% 甲基硫菌灵可湿性粉剂，或 50% 多 · 福可湿性粉剂按种子量 0.2% 拌种。

（3）茎叶喷雾。病情严重的地块，在小麦抽穗期喷洒 75% 百菌清可湿性粉剂 800 ~ 1 000 倍液，或 25% 苯菌灵乳油 800 ~ 1 000 倍液，或 25% 丙环唑乳油 2 000 倍液防治，间隔 15d 再喷一次。

十七、小麦黑颖病

分布与为害

小麦黑颖病分布在我国北方麦区，主要为害小麦叶片、叶鞘、穗部、颖片及麦芒，形成条斑状病部，严重的造成籽粒瘪瘦，影响小麦产量和品质。

症状特征

小麦穗部染病，颖壳上生褐色至黑色条斑，多个病斑融合后颖壳变黑发亮（图1、图2）。颖壳染病后感染种子，轻者种子颜色变深，重者种子皱缩或不饱满。叶片、叶鞘染病，沿叶脉形成黄褐色条状斑。穗轴、茎秆染病产生黑褐色长条状斑。湿度大时，病部产生黄色菌脓。

图1　小麦黑颖病，穗部受害（1）

图2　小麦黑颖病，穗部受害（2）

发生规律

小麦黑颖病初侵染源来自种子带菌、病残体和其他寄主，以种子带菌为主。病菌从种子进入导管，后到达穗部，产生病斑。菌脓中的病原细菌，借风雨或昆虫及接触传播，从气孔或伤口侵入，进行多次再侵染。小麦孕穗期至灌浆期降雨多，温度高发病重。

绿色防控技术

1. 农业防治

（1）选用抗病品种，建立无病留种田。

（2）变温浸种。28 ~ 32℃浸 4 ~ 6h，再在 53℃水中浸种 5 ~ 7min，迅速捞出冷水冷却，然后捞出种子晾干播种（图 3）。

2. 科学用药

（1）用 15% 噻枯唑胶悬剂 3 000mg/kg 浸种 12h。

（2）发病初期，25% 噻枯唑可湿性粉剂，每亩 100 ~ 150g 对水 50kg 喷雾 2 ~ 3 次；或用新植霉素 4 000 倍液喷雾防治。

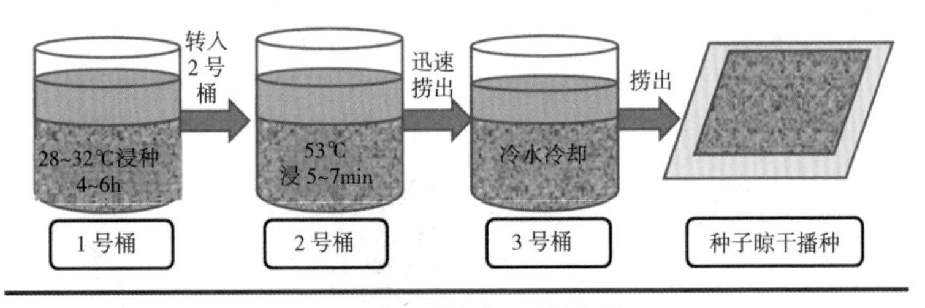

图 3　小麦黑颖病，变温浸种

十八、小麦黑胚病

分布与为害

小麦黑胚病又叫黑点病，是一种世界性的小麦病害，广泛分布于我国小麦产区，在华北、华中、西北等区域为害有加重趋势。小麦籽粒中黑胚病病粒多时，易导致小麦籽粒外观质量下降，营养品质和加工品质变次。作种子使用时还能影响种子出苗和幼苗生长，严重的造成烂种、烂芽，不能出苗。

症状特征

小麦黑胚病病原较多，不同病原在小麦籽粒上引起的症状也不相同。链格孢侵染引起的典型症状是在小麦籽粒胚部或其周围出现褐色的斑点，因病部在小麦胚部，通常称为“黑胚”（图 1）。麦类根腐德氏霉和麦类根腐离蠕孢侵染引起的症状是在籽粒上形成周围浅褐色、中间灰白色的眼睛状斑痕，多个斑痕相连布满籽粒表面，严重时籽粒变成黑褐色。镰刀菌侵染引起的症状是籽粒呈灰白色或带浅粉红色凹陷斑痕。

图 1　小麦黑胚病，受害小麦籽粒胚部变黑

发生规律

小麦黑胚病病原包括链格孢、麦类根腐德氏霉和麦类根腐离蠕孢、镰刀菌等。黑胚病病原均为兼性寄生菌，以病株残体在土壤和粪肥中长期存活，也可以分生孢子或以菌丝体附着在种子表面或潜伏于种子内部存活。带菌种子和粪肥是远距离传播的主要途径。田间病残体和病株上的病原菌产生孢子，随气流或雨水传播到小麦穗部侵染为害，大气中的链格孢也是小麦黑胚病的主要侵染源。小麦抽穗至灌浆期是该病害的侵染为害盛期。

小麦抽穗至灌浆期间，温度低、连阴雨天气多、田间湿度大或结露时间长，发病重。黏土较两合土、沙壤土发病重。小麦群体大、施氮肥过多、延迟收获时，发病重。该病与麦蚜发生密切相关，麦蚜发生重的麦田病情也重。小麦品种间的抗病性有差异。

绿色防控技术

1. 农业防治

（1）选用豫优 1 号、国优 1 号、豫麦 13、豫麦 34、豫麦 35、豫麦 47、周麦 13、矮丰 3 号、铭贤 169、西安 8 号、小偃 54 等抗（耐）病品种。精选种子，使用无病麦种。

（2）合理栽培措施。深耕细耙，精耕细整，增加土壤透气性；足墒播种，播深适宜，确保小麦苗全苗壮，提高植株抗病力，减轻病害。小麦成熟后及时收获。

（3）加强栽培管理。科学灌水，及时排涝，避免大水漫灌。重施有机肥，合理配方施肥，增施钾肥，配施微肥。灌浆初期适当叶面喷肥防止小麦后期早衰。

2. 科学用药

（1）药剂拌种。用 2.5% 咯菌腈悬浮种衣剂 10 ~ 20mL+3% 苯醚甲环唑悬浮种衣剂 50 ~ 100mL，拌麦种 10kg。

（2）药剂喷洒。用 25% 嘧菌酯悬浮剂或 25% 丙环唑乳油每亩 50mL，或 5% 烯肟菌胺乳油每亩 80mL，或 12.5% 腈菌唑乳油每亩 60mL，对水 40 ~ 50kg 喷雾防治。

第三部分 小麦害虫田间识别与绿色防控

一、小麦蚜虫

分布与为害

小麦蚜虫，简称麦蚜，俗称油虫、腻虫、蜜虫，主要种类有麦长管蚜、麦二叉蚜、黍缢管蚜等，广泛分布于我国小麦各产区，常混合发生为害。

麦蚜以成蚜、若蚜吸食小麦叶片、茎秆和嫩穗的汁液为害。苗期多集中在小麦叶背面、叶鞘及心叶处刺吸，轻者造成叶片发黄、生长停滞、分蘖减少，重者不能正常抽穗，或造成麦株枯萎死亡（图1、图2）。小麦抽穗后集中在穗部为害，造成小麦灌浆不足，籽粒干瘪，千粒重下降，严重影响小麦产量和品质（图3、图4）。

麦蚜除直接为害小麦外，麦二叉蚜、麦长管蚜、黍缢管蚜还是病毒病的传播媒介。麦蚜排泄的蜜露还易在小麦叶片、穗部诱发煤污病，影响小麦叶片的光合作用（图 5）。

图1　小麦蚜虫，大田为害状，发生初期，小麦叶片被害点片发黄

图2　小麦蚜虫，大田为害状，小麦穗期受害诱发煤污病穗部变黑，田间为害界线明显

图3　小麦蚜虫，集中在穗部为害

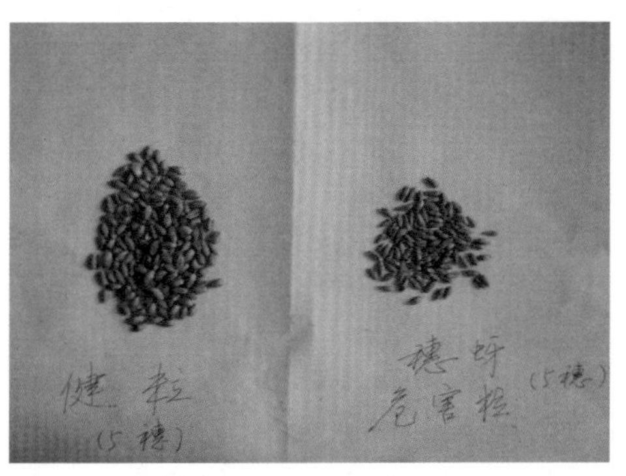

图4　小麦蚜虫，被害穗籽粒（右）与健康穗籽粒（左）对比

图5　小麦蚜虫，排泄的蜜露在叶片上诱发煤污病

症状特征

三种小麦蚜虫形态特征的区别主要在体色、触角、腹管及成虫翅脉。麦长管蚜体色草绿色至橙红色，触角、腹管黑色，触角长超过腹部的2/3，腹管长超过腹部末，有翅蚜前翅中脉没有明显的二叉分支（图6）；麦二叉蚜体色多淡绿色至黄褐色，触角长不超过腹部的2/3，腹管浅绿色，顶端黑色，腹管长通常不超过腹部末，有翅蚜前翅中脉有明显的二叉分支（图7）；黍缢管蚜体色多暗绿色至墨绿色（图8、图9），腹管基部锈红色。同时，结合它们的发生规律，可以将三种蚜虫区分开来。

图6　麦长管蚜，若蚜

图7　麦二叉蚜，有翅蚜前翅中脉二叉分支

图8　麦黍缢管蚜，若蚜体色暗绿、墨绿色，在小麦苗期植株下部为害

图9　麦黍缢管蚜，若蚜体色暗绿、墨绿色，为害穗部

发生规律

在适宜的环境条件下，麦蚜都能以无翅型孤雌胎生蚜生活（图10）。在营养不足、环境恶化或虫群密度大时，则产生有翅型迁飞扩散，但仍行孤雌胎生，只是在寒冷地区秋季才产生有性雌蚜、雄蚜交尾产卵。卵翌年春季孵化为干母，继续产生无翅型或有翅型蚜虫。卵呈长卵形，刚产出的卵淡黄色，逐渐加深，5d左右即呈黑色。

1. 麦长管蚜　1年发生20～30代。在南方全年进行孤雌生殖，春、秋两季出现两个高峰，以春季高峰为害较重。在北方冬麦区，冬暖年份越冬期间有继续繁殖为害现象，一般年份春季先在冬小麦上为害，后迁移到春小麦上，无论是春麦还是冬麦，到穗期即进入为害高峰期。麦长管蚜适宜温度为 10 ~ 30℃，最适温度为 16 ~ 25℃，喜中温不耐高温。

2. 麦二叉蚜　生活习性与长管蚜相似，1 年发生 20 ~ 30 代，每年 3 ~ 4 月随气温回升繁殖扩展，5 月上中旬大量繁殖，出现为害高峰，传播并引发黄矮病。麦二叉蚜 7℃以下存活率低，22℃胎生繁殖快，30℃生长发育最快，42℃迅速死亡；喜干怕湿。在条件适宜的情况下，繁殖力极强，发育历期短，虫口密度上升快，短期内蚜量即可达到万头以上。

3. 黍缢管蚜　1 年发生 10 ~ 20 代，北方寒冷地区黍缢管蚜产卵于桃、李、榆叶梅、稠李等李属植物上越冬，翌年春天迁飞到禾本科植物上，属异寄主全周期型。在温暖麦区则以无翅孤雌成蚜和若蚜在冬麦田或禾本科杂草上越冬，在冬暖年份越冬期间有继续繁殖为害现象，条件适宜时可上升到穗部为害，造成严重损失。夏、秋季主要在玉米上为害。黍缢管蚜在 30℃左右发育最快，喜高湿，不耐干旱。

在种群上，麦长管蚜种群数量最大，多在小麦上部叶片正面为害，抽穗灌浆期迅速繁殖，集中在嫩穗上吸食，故也称“穗蚜”。麦二叉蚜多在小麦苗期或小麦下部叶片上为害，以叶片背面分布较多；条件适宜时，黍缢管蚜也能上升到小麦上部叶片或穗部为害，成为穗蚜。麦长管蚜及麦二叉蚜生活的最适气温为 16 ~ 25℃，黍缢管蚜在 30℃左右发育最快。麦长管蚜最适相对湿度为 50% ~ 80%；而麦二叉蚜则喜干旱，最适相对湿度为 35% ~ 67%；黍缢管蚜喜高湿，不耐干旱。

麦蚜的天敌有瓢虫（图11 ~ 图13）、蚜茧蜂（图14 ~ 图16）、食蚜蝇（图17、图18）、草蛉（图19 ~ 图21）、蜘蛛（图22）等10余类，天敌数量大时，能有效控制麦蚜种群数量。

图10　小麦蚜虫，行孤雌生殖

图11　小麦蚜虫，天敌，瓢虫幼虫

图12　小麦蚜虫，天敌，刚羽化的瓢虫成虫

图13　小麦蚜虫，天敌，瓢虫成虫

图14　小麦蚜虫，天敌，叶片上被蚜茧蜂寄生形成的僵蚜

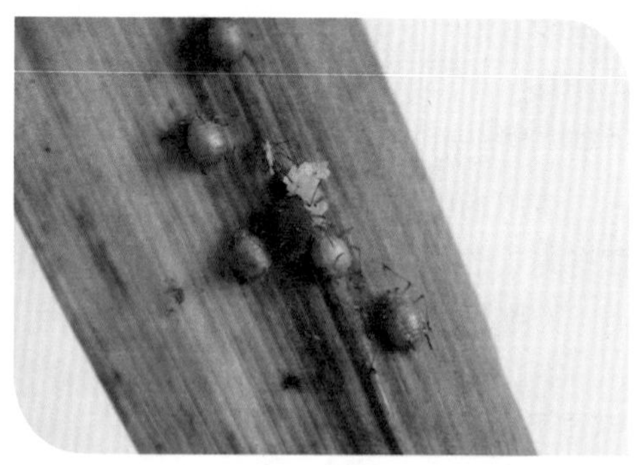

图15　小麦蚜虫，天敌，叶片上僵蚜里面的蚜茧蜂孵化

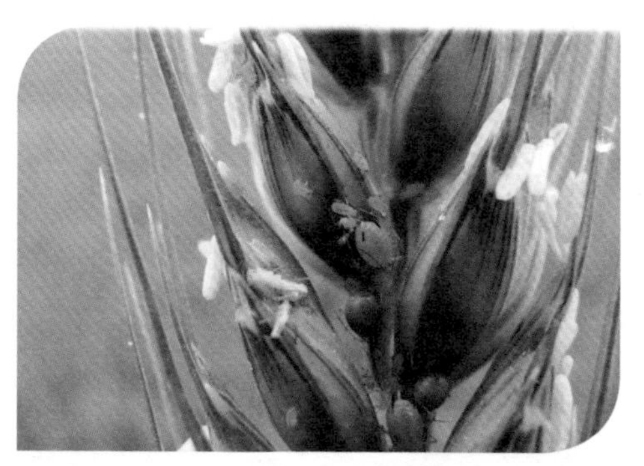

图16　小麦蚜虫，天敌，穗部被蚜茧蜂寄生形成的僵蚜

图17　小麦蚜虫，天敌，食蚜蝇成虫

图18　小麦蚜虫，天敌，食蚜蝇，幼虫

图19　小麦蚜虫，天敌，草蛉，成虫

图20　小麦蚜虫，天敌，草蛉，初孵幼虫

图21　小麦蚜虫，天敌，草蛉，卵

图 22　小麦蚜虫，天敌，蜘蛛

绿色防控技术

防治策略：在黄矮病流行区，小麦二叉蚜为主攻目标，做好小麦苗期蚜虫防治可以控制黄矮病病情；非黄矮病流行区，在做好小麦苗期蚜虫控制的基础上，重点抓好小麦抽穗灌浆期穗蚜的防治。通过协调应用农业、物理和化学等防治措施，充分发挥天敌的自然抑制作用，依据科学的防治指标及天敌利用指标，适时进行化学防治，控制蚜虫为害。

1. 农业防治

（1）轮作。小麦与油菜、棉花等作物进行轮作，改变麦田生态环境，创造对麦蚜不利的条件，抑制为害（图 23、图 24）。

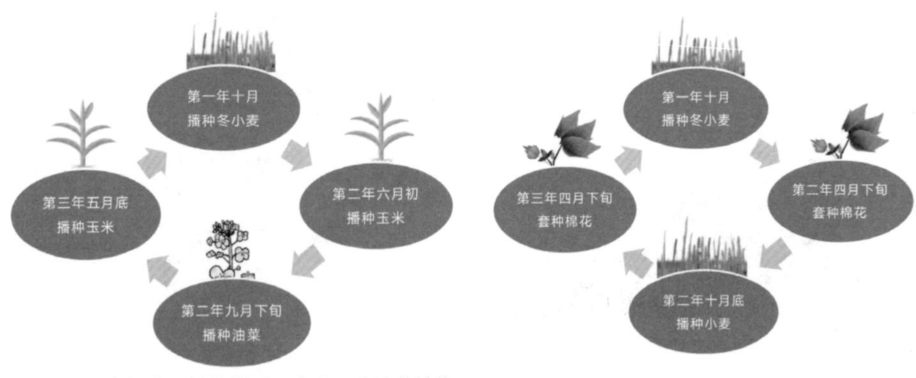

图 23　小麦蚜虫，轮作模式，小麦玉米油菜轮作

图 24　小麦蚜虫，轮作模式，小麦棉花轮作

（2）选择抗、耐病虫品种。

（3）合理布局。冬小麦适期晚播，春麦适时早播，有利减轻蚜虫为害。在冬春麦混种区，尽可能单一化，增加春小麦的播种面积，减少冬小麦的播种面积，有利于控制蚜虫发生，也利于控制蚜虫传播的小麦黄矮病的发生。

（4）栽培管理。早春耙耱镇压（图 25）可以通过机械杀伤越冬蚜虫。小麦收割后立即浅耕灭茬（图 26）,可以杀灭残存蚜虫。清洁田园，清除路边田埂上的杂草，减少中间寄主，减轻蚜虫为害。

图 25　小麦蚜虫，早春镇压

图 26　小麦蚜虫，小麦收获后翻耕灭茬

（5）水肥管理。合理配方施肥，适时浇水，增强小麦抗逆性，冬灌和春灌也能抑制蚜虫发生，小麦抽穗前后进行喷灌可以减轻穗蚜为害。

2. 理化诱控　推广应用黄色粘虫板诱杀和银灰色膜避蚜技术。在小麦蚜虫发生初期，利用蚜虫对黄色的趋性，每亩均匀插挂 15 ~ 30 块黄色粘虫板，高度高出小麦 20 ~ 30cm。当黄板上蚜虫覆盖超过 60% 以上时，需更换新黄板，以确保诱杀效果（图 27）。蚜虫传毒期，在小麦田间悬挂银灰色薄膜条或在地上铺银灰色膜避蚜，能减轻小麦病毒病的发生（图 28）。

3. 生态调控

（1）小麦与玉米、油菜、豌豆、辣椒、西瓜等间作套种（图 29、图 30），利于丰富麦田天敌种类和天敌群落的多样性。

图 27　小麦蚜虫，黄色黏虫板诱杀

图 28　小麦蚜虫，银灰色膜避蚜

图 29　小麦蚜虫，小麦玉米套种

图 30　小麦蚜虫，小麦西瓜套种

（2）4 ~ 5 月在麦田种植三叶草和黑麦草条带，可以吸引蚜茧蜂天敌，并为其提供繁殖发育场所。

4. 生物防治

（1）改进施药技术，选用对天敌安全的药剂，减少用药次数和用量，保护利用天敌。当田间天敌与麦蚜比大于 1 ∶ 150（蚜虫小于 150 头）时，应适当推迟使用化学药剂。

（2）释放天敌。麦蚜的天敌种类较多，主要有七星瓢虫、草蛉，食蚜蝇、蚜茧蜂等，其中以瓢虫、蚜茧蜂、球孢白僵菌应用较为广泛。以下是瓢虫释放方法（图 31 ~ 图 33）：当百株蚜量在 1 000 头以上时，瓢虫释放量和蚜虫存量的比例为 1 ∶ 100；当百株蚜量 500 ~ 1 000 头时，瓢虫释放量和蚜虫存量的比为 1 ∶ 150；当百株蚜量 500 头以下时，瓢虫释放量和蚜虫存量的比为 1 ∶ 200。释放瓢虫时 1 人兼管 3 ~ 4 行小麦，走 2 ~ 3 步释放几头，让瓢虫自行分散，要根据算出的应释放瓢虫数量，努力做到释放均匀。释放时间以傍晚、阴天湿度大时为宜。此时气温较低，光线较暗，瓢虫行为比较稳定，不易迁飞。白天释放卵应选择树荫等遮阳的地方，利于瓢虫卵成活。瓢虫释放以成虫、幼虫混合群体为宜。采用饥饿和冷浸法（用凉水猛浸一下）可减少成虫飞跑。天敌释放后应注意经常检查，根据检查结果计算瓢蚜比。瓢蚜比大于 1 ∶ 150 时，表明瓢虫数量适宜；瓢蚜比小于 1 ∶ 150 时，2 d 后再调查.1 次，若蚜量上升，则应补充瓢虫数量。

生产上除释放瓢虫外，还可以释放食蚜蝇、蚜茧蜂等蚜虫天敌，也能取得较好的防治效果。

（3）使用生物制剂。每亩用 150 亿孢子 /g 球孢白僵菌可湿性粉剂 15 ~ 20g，或每亩用块状耳霉菌 200 万孢子 /mL 悬浮剂 150 ~ 200mL，对水喷雾防治。

5. 科学用药　小麦二叉蚜、禾谷缢管蚜要抓好秋苗期、返青和拔节期的防治；麦长管蚜、禾谷缢管蚜要重点做好小麦扬花末期至灌浆期的统防统治，确保防治效果（图 34 ~ 图 36）。

图 31　小麦蚜虫，释放瓢虫

图 32　小麦蚜虫，释放瓢虫成虫

图 33　小麦蚜虫，释放瓢虫现场

图 34　小麦蚜虫，统防统治，人工防治

图 35　小麦蚜虫，统防统治，自走式机械防治

图 36　小麦蚜虫，统防统治，无人机防治

用 60% 吡虫啉悬浮种衣剂 20mL，拌小麦种子 10kg。小麦穗期当百穗蚜量达到 500 头，天敌与麦蚜比小于 1 ： 150 时，每亩可用 21% 噻虫嗪悬浮剂 5 ~ 10mL，或 21% 吡蚜酮可湿性粉剂 16 ~ 20g，或 20% 呋虫胺悬浮剂 20 ~ 40mL 喷雾防治。

二、小麦吸浆虫

分布与为害

小麦吸浆虫又名麦蛆，是发生在小麦上的一种世界性害虫，广泛分布于我国小麦产区。有麦红吸浆虫和麦黄吸浆虫两种。麦红吸浆虫主要发生在黄淮流域及长江、汉江、嘉陵江沿岸的平原地区，麦黄吸浆虫一般发生在高原地区和高山地带某些特殊生态条件地区。

小麦吸浆虫以幼虫潜伏在颖壳内吸食正在灌浆的麦粒汁液为害，造成小麦籽粒空秕，幼虫还能为害花器、籽实（图 1、图 2）。小麦受害后由于麦粒被吸空，麦秆直立不倒，具有“假旺盛”的长势，田间表现为麦穗瘦长，贪青晚熟（图 3、图 4）。受害小麦麦粒有机物被吸食，麦粒变瘦，甚至成空壳，出现“千斤的长势，几百斤甚至几十斤的产量”

图 1　小麦吸浆虫，小麦籽粒被吸浆虫幼虫吸成空壳

图 2　小麦吸浆虫，幼虫正在为害灌浆的小麦籽实

的异常现象，主要原因是受害小麦千粒重大幅降低（图 5）。一般可造成 10% ~ 30% 的减产，严重的达 70% 以上，甚至绝收。

图 3　小麦吸浆虫，大田为害状，危害后造成小麦贪青晚熟（右）

图 4　小麦吸浆虫，受害小麦麦穗直立、瘦长

图 5　小麦吸浆虫，正常麦粒（左）与受害麦粒（右）对比

症状特征

1. 麦红吸浆虫　成虫橘红色，雌虫体长 2 ~ 2.5mm，雄虫体长约 2mm，雌虫（图 6）产卵管伸出时约为腹长的 1/2。卵呈长卵形，末端无附着物（图 7）。幼虫（图 8、图 9）橘黄色，经 2 次蜕皮成为老熟幼虫，幼虫体表有鳞片状突起。茧（休眠体）淡黄色，圆形。蛹橙红色，头端有一对较长的呼吸管（图 10），分前蛹、中蛹、后蛹三个时期。

2. 麦黄吸浆虫 成虫姜黄色，雌虫体长1.5mm，雄虫略小。雌虫产卵管伸出时与腹部等长。卵呈香蕉形，末端有细长卵柄附着物。幼虫姜黄色，体表光滑。蛹淡黄色。

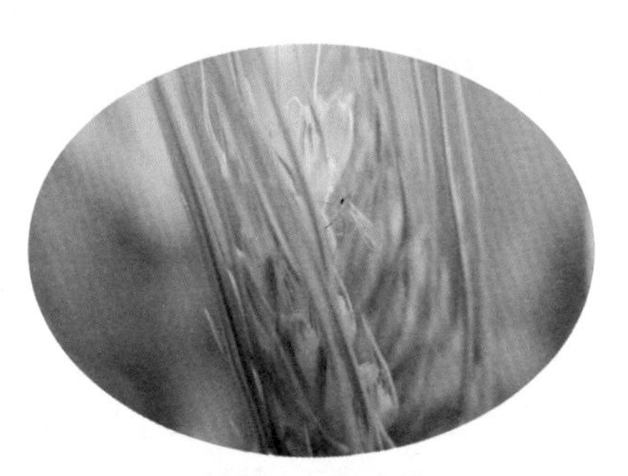

图6 小麦吸浆虫，雌成虫，正在产卵

图7 小麦吸浆虫，卵

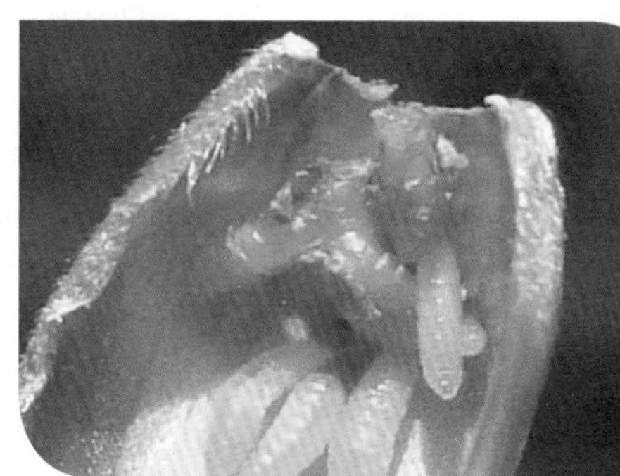

图8 小麦吸浆虫，颖壳里的吸浆虫幼虫

图9 小麦吸浆虫，剥穗时的吸浆虫幼虫

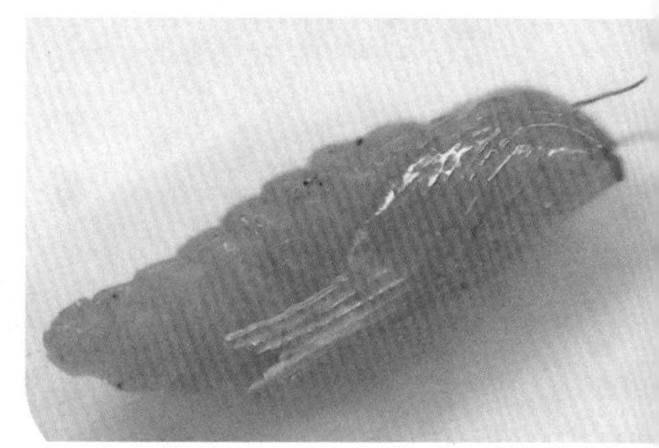

图10 小麦吸浆虫，示蛹前端的呼吸管

发生规律

小麦吸浆虫 1 年发生 1 代，遇到不适宜的环境可多年发生 1 代。麦红吸浆虫可在土壤内滞留 7 年以上，甚至达 12 年仍可羽化为成虫。麦黄吸浆虫可滞留土壤中 4 ~ 5 年。

麦红吸浆虫以老熟幼虫在土中结茧越夏、越冬。翌年春季当土壤 10cm 处地温达到 10℃以上时，越冬幼虫破茧上升到土表层；当 10cm 处地温达到 15℃以上时，小麦正值孕穗期，再在地表层结茧化蛹，蛹期 8 ~ 10d；当 10cm 处地温达到 20℃左右时，小麦进入抽穗期，蛹即羽化出土，产卵。小麦吸浆虫发生区，其成虫羽化期与小麦抽穗期是一致的。

麦红吸浆虫可以直接从湿润的地表出土，也可以从土壤裂缝出土，出土后地面留下出土孔（图 11 ~ 图 13），成虫羽化飞到麦穗上产卵，卵一般 3d 后孵化，幼虫从颖壳缝隙钻入麦粒内吸食浆液。老熟幼虫爬至颖壳及麦芒上，随雨珠、露水或自动弹落在土表，钻入土中 10 ~ 20cm 处作圆茧越夏、越冬（图 14、

图 11　小麦吸浆虫，地表正在出土的幼虫

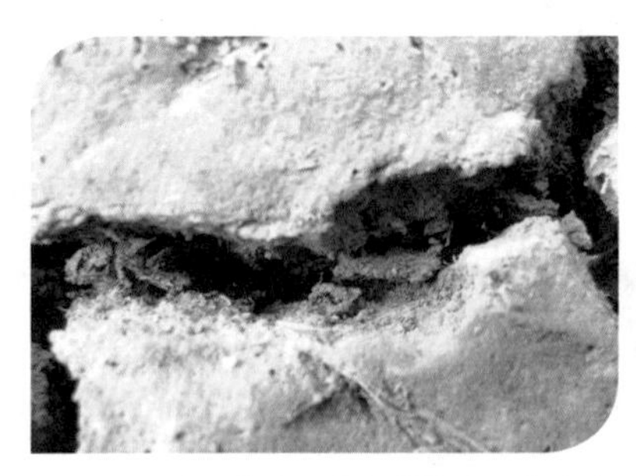

图 12　小麦吸浆虫，从土缝隙中正在出土的幼虫

图 13　小麦吸浆虫，幼虫出土后在地表留下的出土孔

图 15）。该虫具有“富贵性”，小麦产量高、品质好、土壤肥沃，利于该虫发生为害。如果温度、湿度条件利于化蛹和羽化，往往加重为害。

小麦产量和品质的提高，水肥条件的改善，土壤免耕技术的应用，农业机械大范围跨区作业，抗（耐）虫品种的缺乏，都有利于小麦吸浆虫的为害和扩散。

麦黄吸浆虫耐湿和耐旱能力低于麦红吸浆虫，其他习性与麦红吸浆虫基本一致。

图 14　小麦吸浆虫，老熟幼虫爬到麦穗芒上，准备落地入土

图 15　小麦吸浆虫，老熟幼虫落到地表准备入土

绿色防控技术

小麦吸浆虫的防治应贯彻“以蛹期防治为主，蛹期和成虫期防治并重”的指导思想。

1. 农业防治

（1）选用抗（耐）虫品种。选用穗形紧密、颖缘毛长而密、麦粒皮厚、灌浆速度快、浆液不易外溢的抗（耐）虫品种，如郑麦 004、洛阳 851、洛阳 852、徐州 21 号、西农 6028 等。

（2）轮作倒茬。小麦吸浆虫严重发生田及其周围，实行棉麦间作或改种油菜、大蒜等作物，翌年为害明显减轻。麦田连年深翻，小麦与油菜、豆类、棉花和水稻等作物轮作，能明显压低虫口数量（图 16）。

（3）实行土地休闲阻断寄主，连片深翻，把潜藏的吸浆虫暴露在外，予以杀灭（图 17）。

（4）及时进行田间除草。化学除草效果不佳的田块要及时人工拔除，将杂草彻底铲除干净，能有效减轻小麦吸浆虫为害。

（5）加强田间管理。施足基肥，春季少施化肥，减少春季分蘖，促进小麦发育整齐健壮。小麦收割时，小麦吸浆虫重发生田块所用大型机械要严格清理，以避免携带传播蔓延。

2. 科学用药

（1）蛹期防治。小麦孕穗期，土壤墒情好时，每亩用5%毒死蜱颗粒剂1.5 ~ 2kg，拌细土20kg，均匀撒在地表。若土壤墒情差，需撒毒土后浇水以提高防治效果。也可用30%毒死蜱缓释剂撒施防治，持效期长（图18）。

（2）成虫期防治。由于小麦吸浆虫成虫防治窗口期要求严格，在田间施药的时候要尽可能选用作业效率高、喷雾均匀的大型施药器械，以提高防治效果（图19 ~ 图21）。小麦抽穗至扬花初期，可选用20%氰戊菊酯乳油1 500 ~ 2 000倍液，或10%氯氰菊酯微乳剂1 500 ~ 2 000倍液，或4.5%高效氯氰菊酯乳油1 000倍液，或45%毒死蜱乳油1 000 ~ 1 500倍液，或10%吡虫啉可湿性粉剂1 500倍液喷雾防治。

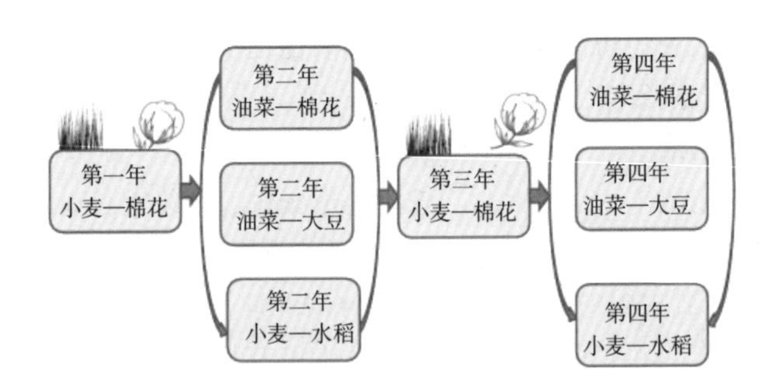

图16　小麦吸浆虫，轮作模式

图 17　小麦吸浆虫，深翻土壤

图 18　小麦吸浆虫，撒施毒土

图 19　小麦吸浆虫，统防统治，人工防治

图 20　小麦吸浆虫，统防统治，自走式机械防治

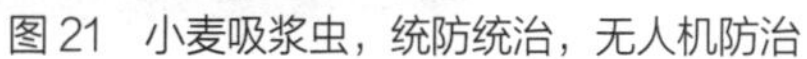

图 21　小麦吸浆虫，统防统治，无人机防治

三、小麦红蜘蛛

分布与为害

小麦红蜘蛛俗名火龙、麦虱子，分为麦圆蜘蛛和麦长腿蜘蛛两种。水浇地以麦圆蜘蛛为主，分布在我国北纬29° ~ 37° 地区；麦长腿蜘蛛多发生在山区、丘陵、旱地，分布在我国北纬34° ~ 43° 地区，主要为害区在长城以南、黄河以北，包括河北、山东、山西、内蒙古等地区。

小麦红蜘蛛成、若螨以刺吸式口器刺吸小麦叶片、叶鞘、嫩茎等部位进行为害。麦田最初表现为点片发黄，后扩展到整个田块（图1 ~ 图4）。被害小麦叶片上最初表现为白斑，后变黄枯死。受害小麦植株矮小，发育不良，严重者整株干枯死亡。一般发生田减产15% ~ 20%，重者减产50%以上，甚至绝收（图5 ~ 图7）。在严重发生年份，小麦红蜘蛛能上升到穗部为害（图8、图9）。

图1　小麦红蜘蛛，大田为害状，麦圆蜘蛛造成小麦点片发黄、枯死

图2　小麦红蜘蛛，大田为害状，麦圆蜘蛛造成小麦成片发黄

图3　小麦红蜘蛛，大田为害状，麦圆蜘蛛严重田造成全田小麦发黄枯死

图4　小麦红蜘蛛，麦圆蜘蛛在叶片上集中为害

图5　小麦红蜘蛛，为害初期，在叶片上形成清晰的白斑

图6　小麦红蜘蛛，在小麦叶片在背面造成大量白斑

图7　小麦红蜘蛛，为害后期，叶片布满白斑，发黄枯死

图8　小麦红蜘蛛，在小麦上部叶片和穗部为害

图 9　小麦红蜘蛛，在小麦穗部为害

症状特征

1. 麦圆蜘蛛　成螨体长 0.65mm，宽 0.43mm，略呈圆形，深红褐色，体背后部有隆起的肛门（背肛）。足 4 对，第一对最长，第四对次之，第二、第三对约等长，足和肛门周围红色（图 10、图 11）。若螨共 4 龄，1 龄体圆形，足 3 对，称幼螨；2 龄以后足 4 对，似成螨；4 龄深红色，和成螨极相似。

2. 麦长腿蜘蛛　成螨体长 0.61mm，宽 0.23mm，呈卵圆形，红褐色。足 4 对，橘红色，第一、第四对足特别发达（图 12）。

图 10　小麦红蜘蛛，示麦圆蜘蛛背肛和第一对足

图 11　小麦红蜘蛛，麦圆蜘蛛（放大图）

图 12　小麦红蜘蛛，示麦长腿蜘蛛

若螨共3龄，1龄体圆形，足3对，称幼螨；2龄和3龄足4对，体较长，似成螨。

发生规律

1. 麦圆蜘蛛　每年发生2～3代，春季繁殖1代，秋季1～2代，以成螨、卵或若螨越冬。越冬期间不休眠，耐寒力强。翌年春季2～3月越冬螨陆续开始为害，3月中下旬至4月上旬虫量最大，后随气温升高大部分死亡，以卵越夏。10月上中旬，越夏卵陆续孵化，在小麦幼苗上繁殖为害，12月以后若螨减少，越冬卵增多，以卵或成螨越冬。生长发育适温8～15℃，适宜相对湿度为80%以上，多发生在水浇地或低洼、潮湿、阴凉的麦地，冬季雨雪多及春季阴凉多雨时发生重。

2. 麦长腿蜘蛛　每年发生3～4代，以成螨、卵越冬，翌年2～3月成螨开始繁殖，越冬卵孵化，4～5月虫量最大，5月中下旬成螨产卵越夏，10月越夏卵孵化为害秋苗。最适温度为15～20℃，最适相对湿度在50%以下。喜温暖、干燥，多发生在丘陵、山区、干旱麦田，一般春旱少雨年份活动猖獗。

麦长腿蜘蛛和麦圆蜘蛛都进行孤雌生殖，有群集性和假死性，均靠爬行和风力扩散、蔓延为害，所以在田间常呈现出田边或田中央先点片发生，再蔓延到全田发生的特点。

绿色防控技术

1. 农业防治

（1）麦播期进行深耕细耙精细整地（图13），因地制宜进行轮作倒茬等农业措施，破坏红蜘蛛的适生环境，压低虫口基数。

（2）加强田间管理。施足基肥，并适当增加磷钾肥的施用量，增强小麦自身抗病虫害能力；及时进行田间除草，对化学除草效果不好的地块，要及时进行人工拔除。

（3）小麦红蜘蛛为害期灌水前先扫动小麦植株，使红蜘蛛假死落地，然后灌水，使红蜘蛛粘于地表死亡。

2. 生物防治　在较大面积麦田，可以释放红蜘蛛天敌捕食螨、草蛉、瓢虫、花蝽等，控制红蜘蛛为害。

当麦田红蜘蛛发生密度较低时，按红蜘蛛与捕食螨 3 ∶ 1 的比例释放拟长毛钝绥螨，每隔 10d 释放 1 次，连续释放 2 ~ 3 次（图 14）。

3. 科学用药 以挑治为主，当每 0.33m 单行麦圆蜘蛛 200 头、麦长腿蜘蛛 100 头，小麦叶部白色斑点为害状大量出现时，采用大型机械喷药防治。用 1.8% 阿维菌素乳油 5 000 ~ 6 000 倍液，或 15% 哒螨酮乳油 2 000 ~ 3 000 倍液，或 4% 联苯菊酯微乳剂 1 000 倍液喷雾防治（图 15）。

图 13　小麦红蜘蛛，深翻精细整地

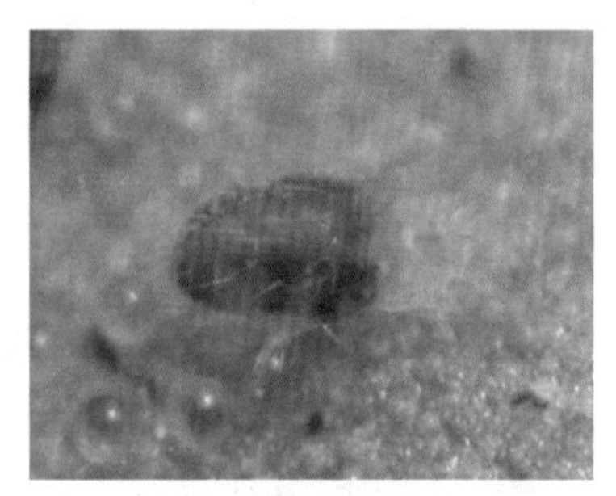

图 14　小麦红蜘蛛，天敌，拟长毛钝绥螨

图 15　小麦红蜘蛛，统防统治，自走式机械防治

四、麦叶蜂

分布与为害

麦叶蜂又名齐头虫、小黏虫、青布袋虫，广泛分布于我国小麦产区，以长江以北为主。我国发生的有小麦叶蜂、大麦叶蜂和黄麦叶蜂三种，以小麦叶蜂为主。

图1　麦叶蜂，大田为害状

发生严重的田块可将小麦叶尖吃光，对小麦灌浆影响极大（图1）。幼虫主要为害叶片，有时也为害穗部（图2）。麦叶蜂为害叶片时，常从叶边缘向内咬成缺口，或从叶尖向下咬成缺刻（图3 ~图5）。

图2　麦叶蜂，幼虫为害小麦穗部

图3　麦叶蜂，幼虫从叶缘向内咬成缺刻状

图4 麦叶蜂，幼虫从叶尖向下咬成缺刻状

图5 麦叶蜂，两头幼虫正在为害叶缘

症状特征

麦叶蜂成虫体长 8 ~ 9.8mm，雄体略小，黑色微带蓝光，前胸背板、中胸前盾板和翅基片锈红色，后胸背面两侧各有 1 个白斑，翅透明膜质（图 6）。

卵肾形，扁平，淡黄色，表面光滑。

幼虫共 5 龄，老熟幼虫圆筒形，头大，胸部粗，胸背前拱，腹部较细，胸腹各节均有横皱纹。末龄幼虫腹部最末节的背面有一对暗色斑（图 7 ~ 图 9）。

蛹长 9.8mm，雄蛹略小，淡黄色至棕黑色。腹部细小，末端分叉。

图6 麦叶蜂，成虫

图7 麦叶蜂，幼虫，具有头大、胸粗、胸背向前拱、腹部细的特征

图 8　麦叶蜂，幼虫，幼虫胸腹各节具有横绢纹

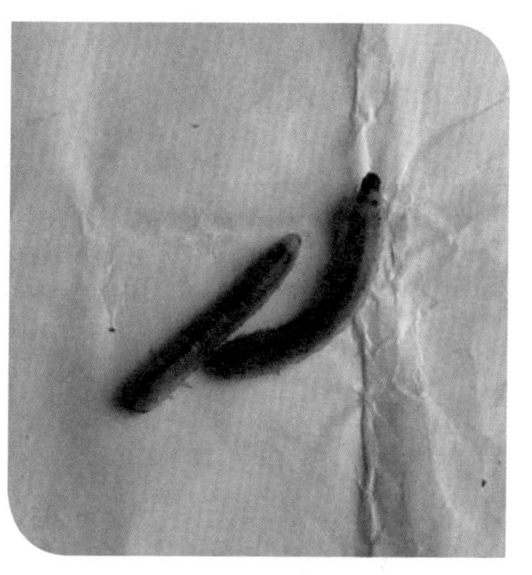

图 9　麦叶蜂，幼虫，末龄幼虫腹部最末节背面有一对暗色斑

发生规律

麦叶蜂均为 1 年发生 1 代，以蛹在土中 20cm 深处越冬，翌年春季气温回升后开始羽化，成虫用锯状产卵器将卵产在叶片主脉旁边的组织中，卵期 10d。幼虫有假死性和转叶为害习性（图 10、图 11）。1 ~ 2 龄为害叶片；3 龄后怕光，白天隐蔽在麦丛中或土块下，夜晚出来为害；4 龄幼虫食量增大，虫口密度大时，可将麦叶吃光。小麦孕穗期至抽穗扬花期是为害盛期。老熟幼虫入土作茧休眠，至 9 ~ 10 月才蜕皮化蛹越冬。

图 10　麦叶蜂，幼虫呈“C”形假死状

图 11　麦叶蜂，幼虫转叶为害

麦叶蜂在冬季气温偏高、土壤水分充足，春季气温适宜、土壤湿度大的条件下发生为害重。沙质土壤麦田比黏性土壤麦田受害重。

绿色防控技术

1. 农业防治

（1）深翻土壤。麦播前或麦收后深翻土壤（图 12），可把土中休眠的幼虫翻出，使其不能正常化蛹，死亡。

图12　麦叶蜂，土壤深翻

（2）合理轮作。有条件的地区可实行稻麦水旱轮作，控制效果好（图 13）。

（3）人工捕捉。利用麦叶蜂幼虫的假死性，可在傍晚时进行人工捕捉；或利用其假死性，在傍晚时分顺麦垄敲打振动植株，用捕虫网或脸盆、簸箕在下方收集，集中杀灭。

2. 生物防治　用 1.8% 阿维菌素乳油 4 000 ～ 6 000 倍液喷雾防治。

3. 科学用药　防治适期应掌握在幼虫 3 龄前，选用高效植物保护机械进行统防统治。可用 2.5% 溴氰菊酯乳油 2 000 倍液，或 20% 氰戊菊酯乳油 2 000 倍液喷雾防治，或 45%毒死蜱乳油 1 000 倍液，喷雾防治（图 14 ～图 16）。

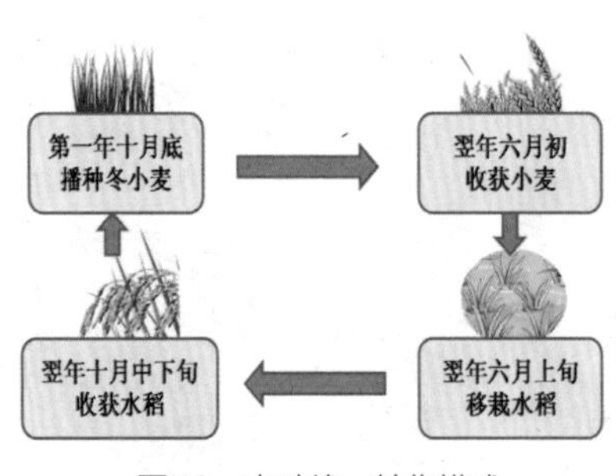

图13　麦叶峰，轮作模式

图14　麦叶蜂，统防统治，人工防治

图 15　麦叶蜂，统防统治，自走式机械防治

图 16　麦叶蜂，统防统治，无人机防治

五、瓦矛夜蛾

分布与为害

瓦矛夜蛾是小麦田出现的一种新害虫。该虫为杂食性害虫，除为害小麦外（图1），还可为害西瓜、菠菜、生菜（图2）、甘蓝、韭菜、大葱、大蒜等多种作物。昆虫分类上隶属于夜蛾科，矛夜蛾属。目前已在天津市，山东、河北、河南省报道分布为害。一般在麦田灌水后，其幼虫爬至小麦植株上，从叶缘开始咬成缺刻状，严重时可将整株叶片吃光。

图1 瓦矛夜蛾，为害小麦，大田为害状

图2 瓦矛夜蛾，为害生菜，为害状

症状特征

（1）成虫。翅展33 ~ 46mm。头部棕褐色。胸部黑褐色，领片棕褐色，肩片黑褐色；足胫节与跗节均具小刺，胫节外侧具两列，跗节具三列。前翅灰褐色至黑褐色，翅基片黄褐色；基线双线黑色波浪形，伸至中室下缘；中室下缘自基线至内横线间具一黑色纵纹；内横线与外横线均为双线黑色波浪形；中室内环纹与中室末端肾形纹均为灰色具黑边，环纹略扁圆，前端开放；亚外缘线土黄色，波浪形。后翅黄白色，外缘暗褐色。腹部暗褐色。

（2）幼虫。体长 30 ~ 50mm，体为棕黄色，体背部每体节有一个黑色倒“八”字纹（图 3、图 4），体侧有一条灰白色纵带，位于气门下线（图 5），前胸有三条黄色纵线（图 6）。

图3　瓦矛夜蛾，幼虫，每体节倒“八”字纹

图4　瓦矛夜蛾，幼虫，每体节倒“八”字纹

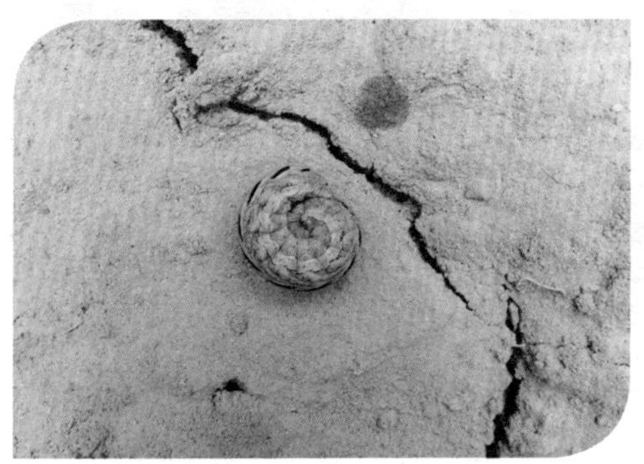

图5　瓦矛夜蛾，幼虫，体侧有一条灰白色纵带，位于气门下线

图6　瓦矛夜蛾，幼虫，前胸有三条黄色纵线

（3）蛹。体长 20 ~ 22mm，化蛹初期褐色或黄褐色，逐渐变为红色至黑色，末端生殖孔、排泄孔清晰可见，有两根尾刺。雄蛹的生殖孔在第 9 腹节形成瘤状突起，排泄孔位于第 10 腹节；雌蛹的生殖孔位于第 8 腹节，不明显，且周围平滑，排泄孔位于第 10 腹节，第 10 腹节与第 9 腹节边缘向前延伸在第 8 腹节形成一个倒“Y”状结构。老熟幼虫于土中 10mm 处化蛹。

发生规律

该虫成虫飞翔能力弱，喜黑暗避光环境，喜群体聚集不动；具有趋光性，测报灯下可以查到成虫。幼虫喜于潮湿、阴暗并且松软的土壤中躲藏；昼伏夜出，白天在土下躲藏，夜间出土觅食；具假死性，遇到惊扰时呈“C”形假死状（图 7、图 8）。如遇浇水则爬到植株上部（图 9）。

图 7　瓦矛夜蛾，幼虫，遇惊扰呈“C”形假死状

图 8　瓦矛夜蛾，幼虫，遇惊扰落地呈“C”形假死状

图 9　瓦矛夜蛾，幼虫，晚上遇浇水幼虫爬到植株上部

绿色防控技术

由于该虫属于麦田出现的新害虫，防治上应加强监测，在幼虫低龄期及时施药防治。

（1）亩用5%毒死蜱颗粒剂600g，拌细土后撒施于土表（图10）。

（2）用48%毒死蜱乳油200mL+炒香麦麸5kg，加入切碎的青叶拌匀制成毒饵，于傍晚撒于发现幼虫处，进行毒杀。

（3）随水施入辛硫磷或浇水后用氰氯氰菊酯等高效低毒农药进行喷雾防治。虫量较大时要选用大型植物保护机械进行统防统治（图11）。

图10　瓦矛夜蛾，撒施毒土

图11　瓦矛夜蛾，统防统治，自走式机械防治

六、小麦潜叶蝇

分布与为害

小麦潜叶蝇广泛分布于我国小麦产区，包括小麦黑潜叶蝇、小麦黑斑潜叶蝇、麦水蝇等多种，以小麦黑潜叶蝇较为常见，华北、西北麦区局部密度较高。

小麦潜叶蝇以雌成虫产卵器刺破小麦叶片表皮产卵及幼虫潜食叶肉为害。雌成虫产卵器在小麦第一、第二片叶中上部叶肉内产卵，形成一行行淡褐色针孔状斑点（图1、图2）；卵孵化成幼虫后潜食叶肉为害，潜痕呈袋状，其内可见蛆虫及虫粪，造成小麦叶片半段干枯（图3～图6）。一般年份小麦被害株率5%～10%，严重田小麦被害株率超过40%，严重影响小麦的生长发育。

图1　小麦潜叶蝇，大田为害状，雌成虫产卵器形成的针孔状斑

图2　小麦潜叶蝇，雌成虫产卵器产卵为害叶片，形成针孔状斑

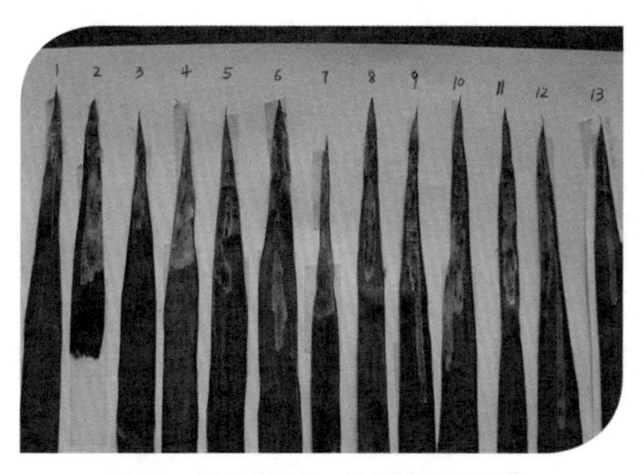

图3　小麦潜叶蝇，幼虫潜叶为害状

图4　小麦潜叶蝇，大田为害状，幼虫在叶肉内潜食为害

图5　小麦潜叶蝇，叶尖被害

图6　小麦潜叶蝇，叶片上的潜道和幼虫

症状特征

小麦黑潜叶蝇成虫体长 2.2 ~ 3mm，黑色小蝇类。头部半球形，间额褐色，前端向前显著突出。复眼及触角 1 ~ 3 节黑褐色。前翅膜质透明，前缘密生黑色粗毛，后缘密生淡色细毛，平衡棒的柄为褐色，端部球形白色（图 7、图 8）。

幼虫长 3 ~ 4mm，乳白色或淡黄色，蛆状（图 9、图 10）。

蛹长 3mm，初化时为黄色，背呈弧形，腹面较直。

图7　小麦潜叶蝇，成虫

图8　小麦潜叶蝇，正在羽化的成虫

图9　小麦潜叶蝇，幼虫，浅黄色

图10　小麦潜蝇，幼虫，乳白色

发生规律

小麦黑潜叶蝇一般1年发生1～2代，以蛹在土中越冬，春小麦出苗期和冬小麦返青期羽化出土，先在油菜等植物上吸食花蜜补充营养，后在小麦叶子顶端产卵，孵化潜食小麦叶肉；幼虫约10d老熟，爬出叶外入土化蛹越冬。冬小麦返青早、长势好的田块，成虫产卵量大，为害重。小麦黑斑潜叶蝇发生世代不详，幼虫潜道细窄，老熟幼虫从虫道中爬出，附着在叶表

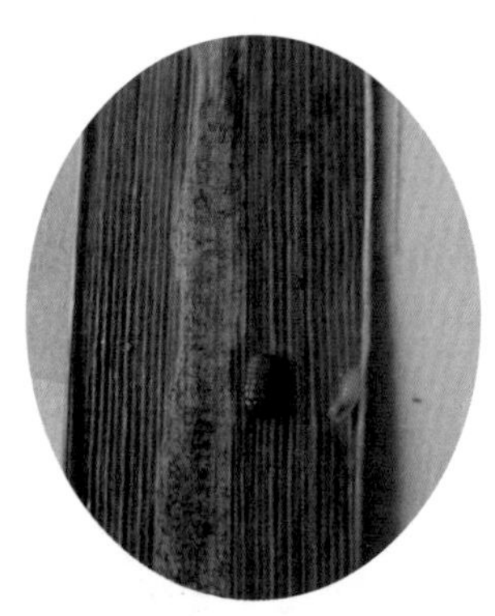

图11　小麦潜叶蝇，蛹

化蛹和羽化，与小麦黑潜叶蝇在土中化蛹显著不同（图11）。麦水蝇在小麦生长发育期发生2代，以蛹或老熟幼虫在小麦叶鞘内越冬，翌年春季羽化，先在油菜上吸食花蜜补充营养，后交尾产卵，孵化后即蛀入叶内取食叶肉，潜道呈细长直线，幼虫龄期增大后，蛀入叶鞘为害。

绿色防控技术

以成虫防治为主，幼虫防治为辅。

1.农业防治　清洁田园，深翻土壤（图12）。冬麦区及时浇封冻水，杀灭土壤中的蛹（图13）。加强田间管理，科学配方施肥，增强小麦抗逆性。

2. 科学用药

（1）成虫防治。小麦出苗后和返青前，用2.5%溴氰菊酯乳油，或20%甲氰菊酯乳油2 000 ~ 3 000倍液，均匀喷雾防治。

（2）幼虫防治。发生初期，用1.8%阿维菌素乳油3 000 ~ 5 000倍液，或4.5%高效氯氰菊酯乳油1 500 ~ 2 000倍液，或用20%阿维·杀单微乳剂1 000 ~ 2 000倍液，或用45%毒死蜱乳油1 000倍液，或用0.4%阿维·苦参碱水乳剂1 000倍液喷雾防治。

图12　小麦潜叶蝇，土壤深翻

图13　小麦潜叶蝇，冬灌

七、棉铃虫

分布与为害

棉铃虫又名钻桃虫、钻心虫等，属鳞翅目夜蛾科，分布广，食性杂，主要为害棉花，还可为害小麦、玉米、花生、大豆、蔬菜等多种农作物。以幼虫为害麦粒、茎、叶，主要为害麦粒（图1～图4）。虫量大时，损失严重。

图1　棉铃虫，体色黄白型幼虫为害小麦穗部

图2　棉铃虫，体色淡绿色型幼虫为害小麦穗部

图3　棉铃虫，体色花色型幼虫为害小麦穗部

图4　棉铃虫，体色淡褐色型幼虫为害小麦穗部

症状特征

（1）成虫。体长 15 ~ 20mm，前翅颜色变化大，雌蛾多黄褐色，雄蛾多绿褐色，外横线有深灰色宽带，带上有 7 个小白点，肾形纹和环形纹暗褐色（图 5）。

（2）卵。近半球形，表面有网状纹。初产时乳白色，近孵化时紫褐色（图 6）。

（3）幼虫。老熟幼虫体长 40 ~ 45mm，头部黄褐色，气门线白色，体背有十几条细纵线条，各腹节上有刚毛疣 12 个，刚毛较长。两根前胸侧毛的连线与前胸气门下端相切，这是区分棉铃虫幼虫与烟青虫幼虫的主要特征。体色变化多，以黄白色、暗褐色、淡绿色、绿色为主。

（4）蛹。体长 17 ~ 20mm，纺锤形，黄褐色，第 5 ~ 7 腹节前缘密布比体色略深的刻点，尾端有臀刺 2 个（图 7）。

图 5　棉铃虫，成虫，在小麦穗部产卵

图 6　棉铃虫，产在小麦叶片上的卵，卵表面有网状纹

图 7　棉铃虫，蛹

发生规律

在为害小麦较重的麦区 1 年发生 4 代，第 1 代为害小麦。以蛹在土中做室越冬，翌年小麦孕穗期出现越冬代蛾，抽穗扬花期为蛾盛期，成虫具趋光性，晚上活动，卵多产在长势好的麦田穗部。第 1 代幼虫盛期在小麦抽穗扬花期，幼虫多在早上 7 ~ 9 时和晚上 7 ~ 9 时活动，

白天光线较强活动减少，弱光、适温、阴天取食较强。幼虫可取食麦粒、茎、叶片，以取食麦粒为主，幼虫取食麦粒排出的虫粪为白色，虫量大时地面会出现一层类似尿素的白色虫粪。低孵幼虫常 3 ~ 4 头聚集在一个麦穗上取食，4 龄后一个麦穗只有一头幼虫取食。幼虫有转粒、转株为害习性，一头幼虫一生可破坏 40 ~ 60 个麦粒。老熟幼虫入土做室化蛹，羽化后为害其他作物，秋季第 4 代老熟幼虫入土做室化蛹越冬。

绿色防控技术

1. 农业防治

（1）清洁田园。搞好冬翻冬耕，压低越冬基数。秋田收获后，及时深翻耙地。冬灌可消灭大量越冬蛹（图 8）。麦收后及时浅耕灭茬，破坏土壤中蛹的生存环境。

（2）合理作物布局。棉铃虫食性杂，寄主植物多，合理作物布局和品种搭配，可减少棉铃虫为害。如在小麦地周围种植诱集作物玉米、棉花、苘麻、洋葱、油菜、胡萝卜等，于盛花期可诱集到大量棉铃虫成虫集中产卵，进行集中杀灭。同时，合理套种轮作也能增加田间生物多样性，发挥天敌的自然控制作用（图 9）。

图 8　棉铃虫，冬灌

图 9　棉铃虫，种植诱集作物，油菜

（3）推广地膜覆盖栽培。地膜覆盖小麦能促进小麦生长，提高小麦的抗病虫能力。

2. 理化诱控

（1）灯光诱杀。在棉铃虫成虫发生期，可用黑光灯、高空灯、高压汞灯、佳多频振式杀虫灯等诱杀成虫（图 10 ~ 图 14）。

（2）杨树枝诱杀。将 10 枝高 70cm 左右的两年生杨树枝把，晾萎蔫后扎成一束，插在小麦田间，150 束 / hm^2，每 7 ~ 10d 更换 1 次，每天日出前用袋套住杨树枝把拍打灭蛾。

（3）性诱剂诱杀棉铃虫雄成虫（图 15）。

图 10　棉铃虫，灯光诱杀（1）

图 11　棉铃虫，灯光诱杀（2）

图 12　棉铃虫，灯光诱杀（3）

（4）喷磷驱蛾。在麦田喷洒 2% 过磷酸钙浸出液，或者磷酸二氢钾 1 500 ~ 2 250g/ hm^2 对水进行叶面喷雾，可起到驱避棉铃虫成虫产卵的作用，减轻为害。也可以喷洒食诱剂，进行集中杀灭（图 16 ~ 图 18）。

3. 生物防治

（1）保护利用天敌。田间棉铃虫寄生性和捕食性天敌很多，真菌类有白僵菌、绿僵菌（图 19），细菌类有苏云金杆菌，寄生性天敌昆虫有卵寄生蜂赤眼蜂（图 20）、幼虫寄生蜂齿唇姬蜂，捕食性天敌昆

图 13　棉铃虫，灯光诱杀，高空灯

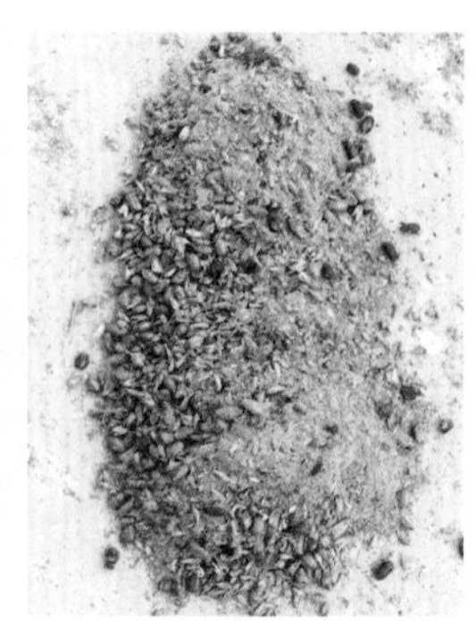
图 14　棉铃虫，灯光诱杀到的成虫

图 15　棉铃虫，性诱剂诱杀棉铃虫

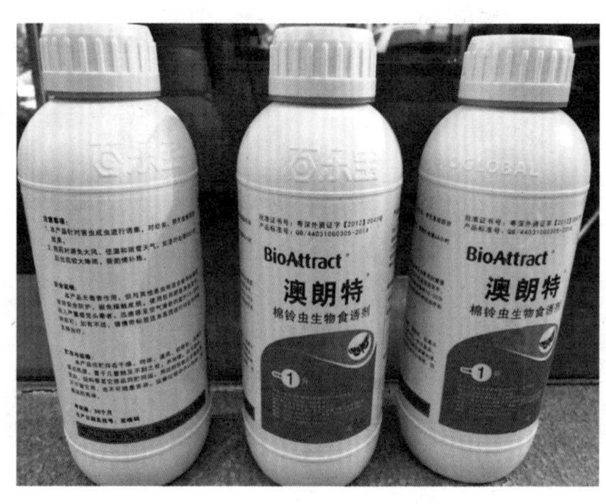

图 16　棉铃虫，食诱剂

图 17　棉铃虫，盘式食诱捕器

虫有中华草蛉、异色瓢虫、龟纹瓢虫、胡蜂、螳螂、蜘蛛（图 21）等。改进施药方法，降低农药使用量，减少对天敌的杀伤，以充分发挥天敌的自然控制作用。

（2）喷洒生物农药，如 Bt 乳剂、核多角体病毒（NPV）制剂（图 22）、雷公藤精乳油等。

（3）释放赤眼蜂。

4. 科学用药　幼虫 3 龄前，可用 40% 毒死蜱乳油 1 000 ~ 1 500 倍液，也可用 4.5% 高效氯氰菊酯或 2.5% 溴氰菊酯乳油 2 500 ~ 3 000 倍液均匀喷雾防治。

图 18　棉铃虫，盘式食诱捕器诱杀成虫

图 19　棉铃虫，天敌，感染白僵菌的棉铃虫幼虫

图 20　棉铃虫，天敌，赤眼蜂

图 21　棉铃虫，天敌，蜘蛛

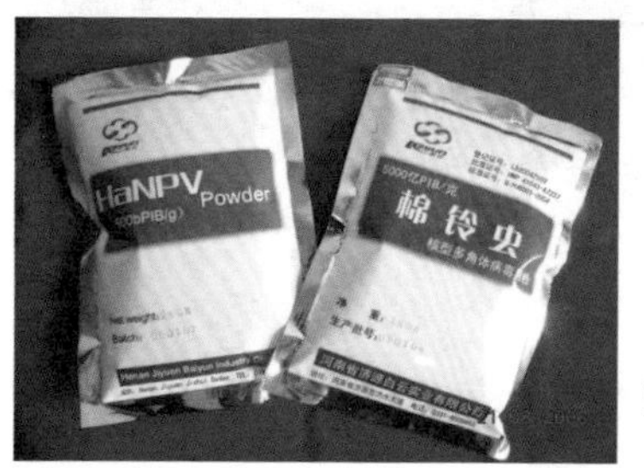

图 22　棉铃虫，NPV 制剂

八、蛴螬

分布与为害

蛴螬是鞘翅目金龟甲总科幼虫的总称，我国常见的种类有大黑鳃金龟甲、暗黑鳃金龟甲、铜绿丽金龟甲、黄褐丽金龟甲等，广泛分布于我国小麦产区。蛴螬食性复杂，可为害小麦、玉米、花生、大豆、蔬菜等多种农作物、牧草及果树和林木的幼苗。在小麦上，主要取食萌发的种子，咬断小麦的根、茎，轻者造成缺苗断垄（图1、图2），重者造成麦苗大量死亡，麦田中出现空白地（图3、图4），损失严重。蛴螬为害麦苗的根、茎时，断口整齐平截，易于识别（图5）。有时成虫也为害小麦叶片，影响小麦生长发育（图6～图8）。

图1　蛴螬为害小麦，造成缺苗断垄

图2　蛴螬为害小麦，造成单株死亡

图3 蛴螬为害小麦，造成小麦成片死亡

图4 蛴螬为害小麦，麦田形成空白地

图5 蛴螬为害小麦，断口整齐

图6 黄褐丽金龟，成虫在小麦叶片上的为害状

图7 黄褐丽金龟，成虫正在小麦叶片上为害

图8 黄褐丽金龟，成虫

症状特征

1. 大黑鳃金龟甲　成虫（图9、图10）体长16～22mm，宽8～11mm。黑色或黑褐色，具光泽。触角10节，鳃片部3节呈黄褐色或赤褐色，约为其后6节之长度。鞘翅长椭圆形，其长度为前胸背板宽度的2倍，每侧有4条明显的纵肋。3龄幼虫（图11）体长35～45mm，头宽4.9～5.3mm。头部前顶刚毛每侧3根，其中冠缝侧2根，额缝上方近中部1根。

图9　大黑鳃金龟成虫

2. 暗黑鳃金龟甲　成虫（图12）体长17～22mm，宽9～11.5mm。长卵形，暗黑色或红褐色，无光泽。前胸背板前缘具有成列的褐色长毛。鞘翅伸长，两侧缘几乎平行，每侧4条纵肋不显。3龄幼虫（图13）体长35～45mm，头宽5.6～6.1mm。头部前顶刚毛每侧1根，位于冠缝侧。

图10　大黑鳃金龟成虫交尾

图11　大黑鳃金龟幼虫

3. 铜绿丽金龟甲　成虫（图 14、图 15）体长 19 ~ 21mm，宽 10 ~ 11.3mm。背面铜绿色，其中头、前胸背板、小盾片色较浓，鞘翅色较淡，有金属光泽。3 龄幼虫体长 30 ~ 33mm，头宽 4.9 ~ 5.3mm。头部前顶刚毛每侧 6 ~ 8 根，排成一纵列。

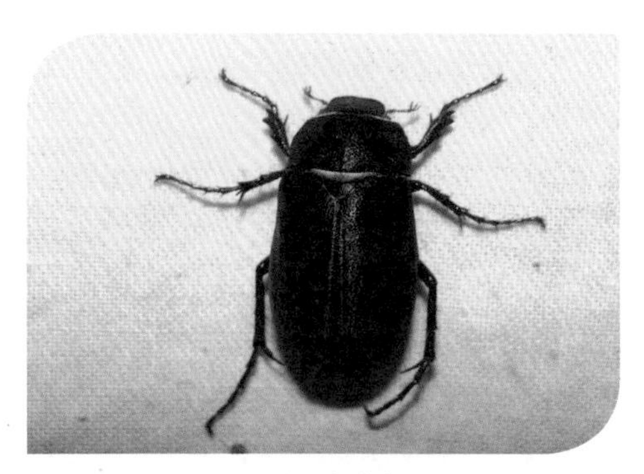

图 12　暗黑鳃金龟成虫

图 13　暗黑鳃金龟幼虫

图 14　铜绿丽金龟成虫

图 15　铜绿丽金龟成虫交尾

发生规律

1. 大黑鳃金龟甲　我国仅华南地区 1 年发生 1 代，以成虫在土中越冬；其他地区均是 2 年发生 1 代，成虫、幼虫均可越冬，但在 2 年 1 代区，存在不完全世代现象。在北方，越冬成虫于春季 10cm 土温上升到 14 ~ 15℃时开始出土，10cm 处土温达 17℃以上时成虫盛发。5

月中下旬日均气温21.7℃时田间始见卵，6月上旬至7月上旬日均气温24.3～27.0℃时为产卵盛期，末期在9月下旬。卵期10～15d，6月上中旬开始孵化，盛期在6月下旬至8月中旬。孵化幼虫除极少一部分当年化蛹羽化，大部分当秋季10cm处土温低于10℃时，即向深土层移动，低于5℃时全部进入越冬状态。越冬幼虫翌年春季当10cm处土温上升到5℃时开始活动。大黑鳃金龟种群的越冬虫态既有幼虫，又有成虫。以幼虫越冬为主的年份，翌年春季麦田和春播作物受害重，而夏秋作物受害轻；以成虫越冬为主的年份，翌年春季作物受害轻，夏秋作物受害重。出现隔年严重为害的现象，群众谓之"大小年"。

2. 暗黑鳃金龟甲 在苏、皖、豫、鲁、冀、陕等地均是1年发生1代，多数以3龄幼虫筑土室越冬，少数以成虫越冬。以成虫越冬的，成为翌年5月出土的虫源。以幼虫越冬的，一般春季不为害，于4月初至5月初开始化蛹，5月中旬为化蛹盛期。蛹期15～20d，6月上旬开始羽化，盛期在6月中旬，7月中旬至8月上旬为成虫活动高峰期。7月初田间始见卵，盛期在7月中旬，卵期8～10d，7月中旬开始孵化，7月下旬为孵化盛期。初孵幼虫即可为害，8月中下旬为幼虫为害盛期。

3. 铜绿丽金龟甲 1年发生1代，以幼虫越冬。越冬幼虫在春季10cm处土温高于6℃时开始活动，3～5月有短时间为害。在皖、苏等地，越冬幼虫于5月中旬至6月下旬化蛹，5月底为化蛹盛期。成虫出现始期为5月下旬，6月中旬进入活动盛期。产卵盛期在6月下旬至7月上旬。7月中旬为卵孵化盛期，孵化幼虫为害至10月中旬。当10cm处土温低于10℃时，开始下潜越冬。越冬深度大多在20～50cm。室内饲养观察表明，铜绿丽金龟的卵期、幼虫期、蛹期和成虫期分别为7～13d、313～333d、7～11d和25～30d。在东北地区，春季幼虫为害期略迟，盛期在5月下旬至6月初。

绿色防控技术

1. 农业防治 实行水、旱轮作（图16）。严重发生田块在秋季、春季进行大面积深耕（图17、图18），随犁拾虫，腐熟厩肥，以降低虫口数量；合理灌溉，促使蛴螬向土层深处转移，避开幼苗最易受害时期。

2. 理化诱控　使用频振式杀虫灯防治成虫效果极佳。佳多频振式杀虫灯单灯控制面积 30 ～ 50 亩，连片规模设置效果更好。灯的悬挂高度，农作物生长前期距地面 1.5 ～ 2m，农作物生长中后期应略高于作物顶部。6 月中旬开始开灯，8 月底撤灯，每日开关灯时间与日出日落时间一致（图 19 ～图 21）。

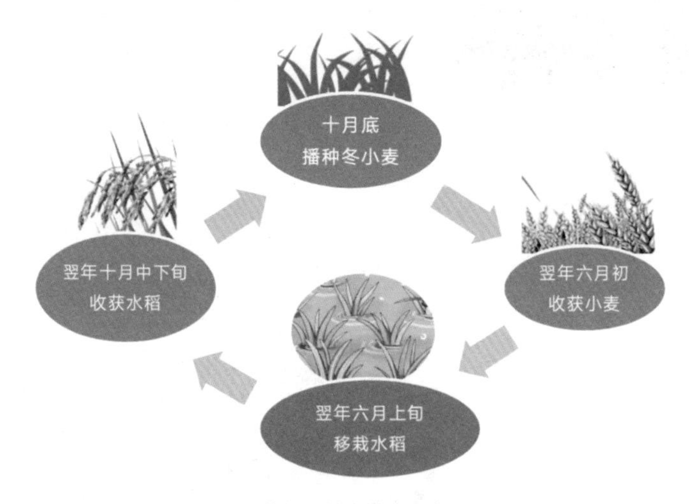

图 16　蛴螬，轮作模式，水旱轮作

图 17　蛴螬，土壤深翻

图 18　蛴螬，土壤深翻，示耕深

图 19　蛴螬，灯光诱杀

图 20　蛴螬，灯光诱杀，晚上开灯

图 21　蛴螬，灯光诱杀，诱杀成虫

3. 生物防治　培养大黑金龟乳状芽孢杆菌、苏云金杆菌、虫霉真菌盘状轮枝孢（Verticilliumlecanii）及绿僵菌（图 22）和布氏白僵菌、昆虫病原线虫（异小杆科和斯氏线虫科），接种土壤内，使蛴螬感病致死。

图 22　蛴螬，感染绿僵菌的蛴螬

4. 释放天敌　可释放蛴螬天敌昆虫钩土蜂（Tiphia）和食虫虻，控制蛴螬为害。

5. 化学防治

（1）土壤处理。播种前每亩用 0.08% 噻虫嗪颗粒剂 40 ~ 50kg 撒施后旋耕，可用 50% 辛硫磷乳油每亩 200 ~ 250g，加水 10 倍，喷于 25 ~ 30kg 细土中拌匀成毒土，播种前撒施然后翻耕混土，或顺垄条施，随即浅锄，能收到良好效果，并兼治金针虫和蝼蛄（图 23、图 24）。

（2）种子处理。用 50% 辛硫磷乳油按照药 ∶ 水 ∶ 种子以

1 ∶ 50 ∶ 500 的比例拌种，也可用 25% 辛硫磷胶囊剂，或用种子量 2% 的 35% 克百威种衣剂拌种，亦能兼治金针虫和蝼蛄等地下害虫。

（3）沟施毒饵。每亩用辛硫磷胶囊剂 150 ~ 200g 拌谷子等饵料 5kg 左右，或 50% 辛硫磷乳油 50 ~ 100g 拌饵料 3 ~ 4kg，撒于种沟中，兼治蝼蛄、金针虫等地下害虫。

图 23　蛴螬，土壤处理，配制毒土

图 24　蛴螬，土壤处理，撒施毒土

九、金针虫

分布与为害

金针虫是鞘翅目叩头甲科的幼虫，又称叩头虫、沟叩头甲、土蛐蜒、芨芨虫、钢丝虫，除为害小麦外，还为害玉米、谷子、果树、蔬菜等农作物。我国为害农作物的金针虫主要有沟金针虫、细胸金针虫和褐纹金针虫。沟金针虫分布在我国的北方。细胸金针虫主要分布在黑龙江、内蒙古、新疆，南至福建、湖南、贵州、广西、云南。褐纹金针虫主要分布在华北及河南、东北、西北等地。以幼虫在土中取食播种下的种子、小麦根系，轻者造成缺苗断垄，重者全田毁种，损失很大（图 1 ~ 图 3）。金针虫为害小麦的断口不整齐，易和其他地下害虫相区别（图 4）。

图 1　金针虫，大田为害造成缺苗断垄

图 2　金针虫，咬断小麦茎基部为害

图3　金针虫，茎基部钻蛀孔

图4　金针虫，为害小麦断口不整齐

症状特征

1. 沟金针虫　成虫深栗色。全体被黄色细毛。头部扁平，头顶呈三角形凹陷，密布刻点。雌虫（图5）体长14～17mm，宽约5mm，体形较扁；雄虫体长14～18mm，宽约3.5mm，体形窄长。雌虫触角11节，略呈锯齿状，长约为前胸的2倍。雄虫触角12节，丝状，长及鞘翅末端；雌虫前胸较发达，背面呈半球状隆起，前狭后宽，宽大于长，密布刻点，中央有微细纵沟，后缘角向后方突出，鞘翅长约为前胸的4倍，其上纵沟不明显，密生小刻点，后翅退化。雄虫鞘翅长约为前胸的5倍，其上纵沟明显，有后翅。卵近椭圆形，乳白色。老熟幼虫体长20～30mm，细长筒形，略扁，体壁坚硬而光滑，具黄色细毛，尤以两侧较密。体黄色，前头和口器暗褐色，头扁平，胸、腹部背面中央有1条细纵沟。尾端分叉（图6），并稍向上弯曲。

2. 细胸金针虫　成虫（图7）体长8～9mm，宽约2.5mm。暗褐色，被灰色短毛，并有光泽。触角红褐色，第2节球形。前胸背板略呈圆形，长大于宽，鞘翅长为头胸部的2倍，上有9条纵列刻点。卵乳白色，圆形。末龄幼虫体长约32mm，宽约1.5mm，细长圆筒形，淡黄色，光亮。尾节圆锥形，不分叉（图8）。

3. 褐纹金针虫　成虫体长9mm，宽2.7mm，体细长，黑褐色，被灰色短毛；头部黑色，向前凸，密生刻点；触角暗褐色，第2、第3节近球形，第4节较第2、第3节长。前胸背板黑色，刻点较头上的小，后缘角后突。鞘翅长为胸部的 2.5 倍，黑褐色，具纵列刻点 9 条，腹部暗红色，足暗褐色。末龄幼虫体长 25mm，宽 1.7mm，体圆筒形细长，棕褐色，具光泽。第 1 胸节、第 9 腹节红褐色。头梯形扁平，上生纵沟并具小刻点，体背具微细刻点和细沟，第 1 胸节长，第 2 胸节至第 8 腹节各节的前缘两侧，均具深褐色新月形斑纹。尾节扁平且尖，尾节前缘具半月形斑 2 个，前部具纵纹 4 条，后半部具皱纹且密生粗大刻点。幼虫共 7 龄。

图 5　沟金针虫雌成虫

图 6　沟金针虫幼虫，尾部分叉

图 7　细胸金针虫成虫

图 8　细胸金针虫幼虫，尾部不分叉

发生规律

1. 沟金针虫 2 ~ 3 年发生 1 代，以幼虫和成虫在土中越冬。在北京，3 月中旬 10cm 处土温平均为 6.7℃时，幼虫开始活动；3 月下旬土温达 9.2℃时，开始为害。4 月上中旬土温为 15.1 ~ 16.6℃时为害最烈。5 月上旬土温为 19.1 ~ 23.3℃时，幼虫则渐趋 13 ~ 17cm 深土层栖息。6 月 10cm 处土温达 28℃以上时，沟金针虫下潜至深土层越夏。9 月下旬至 10 月上旬，土温下降到 18℃左右时，幼虫又上升到表土层活动。10 月下旬随土温下降幼虫开始下潜，至 11 月下旬 10cm 处土温平均为 1.5℃时，沟金针虫潜于 27 ~ 33cm 深的土层越冬。雌成虫无飞翔能力，雄成虫善飞，有趋光性；白天潜伏于表土内，夜间出土交配、产卵。由于沟金针虫雌成虫活动能力弱，一般多在原地交尾产卵，故扩散为害受到限制，因此在虫口数量高的田内一次防治后，在短期内种群密度不易回升。

2. 细胸金针虫 在陕西 2 年发生 1 代。西北农业大学报道，在室内饲养发现细胸金针虫有世代多态现象。冬季以成虫和幼虫在土下 20 ~ 40cm 深处越冬，翌年 3 月上中旬，10cm 处土温平均 7.6 ~ 11.6℃、气温 5.3℃时，成虫开始出土活动；4 月中下旬土温 15.6℃、气温 13℃左右为活动盛期，6 月中旬为末期。成虫寿命 199.5 ~ 353d，但出土活动时间只有 75d 左右。成虫白天潜伏土块下或作物根茬中，傍晚活动。成虫出土后 1 ~ 2h，为交配盛期，可多次交配。产卵前期约 40d，卵散产于表土层内。每雌虫产卵 5 ~ 70 粒。产卵期 39 ~ 47d，卵期 19 ~ 36d，幼虫期 405 ~ 487d。幼虫老熟后在 20 ~ 30cm 深处做土室化蛹，预蛹期 4 ~ 11d，蛹期 8 ~ 22d，6 月下旬开始化蛹，直至 9 月下旬。成虫羽化后即在土室内蛰伏越冬。

3. 褐纹金针虫 在陕西 3 年发生 1 代，以成虫、幼虫在 20 ~ 40cm 土层里越冬。翌年 5 月上旬平均土温 17℃、气温 16.7℃时越冬成虫开始出土；成虫活动适温 20 ~ 27℃，下午活动最盛，把卵产在麦根 10cm 处。成虫寿命 250 ~ 300d，5 ~ 6 月进入产卵盛期，卵期 16d。翌年以 5 ~ 7 龄幼虫越冬，第 3 年以 7 龄幼虫在 7 ~ 8 月于

20 ~ 30cm深处化蛹，蛹期17d左右，成虫羽化后在土中即行越冬。

绿色防控技术

1. 农业防治 大面积秋、春耕，并随犁拾虫。施腐熟厩肥，合理灌水，以降低虫口数量。

2. 理化诱控 人工捕杀、翻土晾晒、利用成虫的趋光性和性信息素进行诱杀。

3. 生物防治

（1）植物性农药。利用一些植物的杀虫活性物质防治地下害虫，如油桐叶、蓖麻叶和牧荆叶的水浸液，以乌药、芫花、马醉木、苦皮藤、臭椿和茶皂素等的茎、根磨成粉后防治地下害虫效果较好。

（2）昆虫病原微生物。寄生金针虫的真菌种类主要有白僵菌和绿僵菌。

4. 科学用药

（1）土壤处理。可用50%辛硫磷乳油每亩200 ~ 250g，加水10倍，喷于25 ~ 30kg细土中拌匀成毒土，顺垄条施，随即浅锄，能收到良好效果，并兼治蛴螬、蝼蛄。

（2）种子处理。用50%辛硫磷乳油按照药：水：种子以1 ∶ 50 ∶ 500的比例拌小麦种子，或用25%辛硫磷胶囊剂，或用种子量2%的35%克百威种衣剂拌种，亦能兼治蛴螬、蝼蛄等地下害虫；或用35%噻虫嗪悬浮种衣剂300 ~ 440mL，拌种100kg。

（3）沟施毒饵。每亩用辛硫磷胶囊剂150 ~ 200g拌谷子等饵料5kg左右，或50%辛硫磷乳油50 ~ 100g拌饵料3 ~ 4kg，撒于种沟中，兼治蛴螬和蝼蛄等地下害虫。

十、黏虫

分布与为害

黏虫又称东方黏虫、行军虫、夜盗虫、剃枝虫、五彩虫、麦蚕等，属鳞翅目夜蛾科。黏虫在我国除新疆未见报道外，遍布全国各地。

黏虫可为害小麦（图1～图5)、玉米、谷子等多种作物和杂草。幼虫咬食叶片，1～2龄幼虫仅食叶肉形成小孔（图6）；3龄后为害叶片形成缺刻（图7、图8），为害玉米幼苗可吃光叶片（图9）；5～6龄为暴食期，食量占幼虫期的90%以上，可将叶片吃光仅剩叶脉，植株成为光杆（图10)。同时，黏虫幼虫还可为害玉米、谷子穗部，造成严重减产，甚至绝收（图11、图12)。当一块田被吃光后，幼虫常成群迁到另一块田为害，故又名“行军虫”。

图1　黏虫，为害小麦叶片（1）

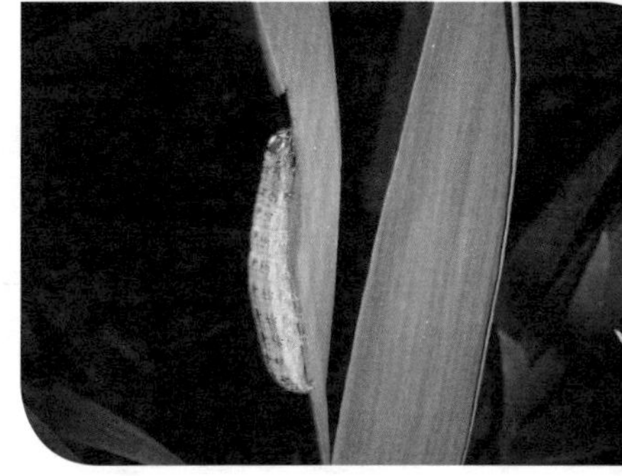

图2　黏虫，为害小麦叶片（2）

图3　黏虫，为害麦穗

图4　黏虫，麦田地面的幼虫

图5　黏虫，为害小麦秋苗

图6　黏虫，低龄幼虫为害谷子叶片，形成小孔

图7　黏虫，幼虫3龄后为害玉米叶片形成缺刻（1）

图8　黏虫，幼虫3龄后为害玉米叶片形成缺刻（2）

图9　黏虫，幼虫为害玉米幼苗，吃光叶片

图10　黏虫，幼虫进入暴食期，玉米被吃成光杆

图11　黏虫，幼虫吃光玉米花丝

图12　黏虫，幼虫为害谷子穗部

症状特征

（1）成虫（图13）。成虫体色呈淡黄色或淡灰褐色，体长17～20mm，翅展35～45mm，触角丝状，前翅中央近前缘有2个淡黄色圆斑，外侧环形圆斑较大，后翅正面呈暗褐色，反面呈淡褐色，缘毛呈白色，由翅尖向斜后方有1条暗色条纹，中室下角处有1个小白点，白点两侧各有1个小黑点。雄蛾较小，体色较深，其尾端经挤压后，可伸出1对鳃盖形的抱握器，抱握器顶端具1根长刺，这一特征是区别于其他近似种的可靠特征。雌蛾腹部末端有1个尖形的产卵器。

（2）卵（图14）。馒头状，初产时白色，渐变为黄色，孵化时为黑色。卵粒常排列成 2 ~ 4 行或重叠堆积成块，每个卵块一般有几十粒至百余粒卵。

（3）幼虫（图 15）。共 6 龄，老熟幼虫体长 35 ~ 40mm。体色随龄期和虫口密度变化较大，从淡绿色到黑褐色，密度大时多为灰黑色至黑色。头部有“八”字形黑褐色纵纹，体背有 5 条不同颜色的纵线，腹部整个气门孔黑色，具光泽。

（4）蛹（图 16）。棕褐色，腹部背面第 5 ~ 7 节后缘各有一列齿状点刻，尾端有刺 6 根，中央 2 根较长。

图 13　黏虫，成虫

图 14　黏虫，卵

图 15　黏虫，幼虫

图 16　黏虫，蛹

发生规律

黏虫属迁飞性害虫，其越冬分界线在北纬 33° 一带，我国从北到南 1 年发生 2 ~ 8 代。河南省 1 年发生 4 代，全年以第 2、第 3 代为害严重，越冬代成虫始见于 2 月中下旬，成虫盛期出现在 3 月中旬至 4 月中旬。第 1 代幼虫发生于 4 月下旬至 5 月上旬，主要在黄河以南麦田为害；第 2 代幼虫发生于 6 月下旬，主要为害玉米；第 3 代幼虫发生于 7 月底至 8 月上中旬，主要为害玉米、谷子；第 4 代幼虫发生于 9 月中下旬，主要取食杂草，有些年份 10 月中下旬为害小麦。成虫产卵于叶尖或嫩叶、心叶皱缝间，常使叶片成纵卷。幼虫共 6 龄，初孵幼虫行走如尺蠖，有群集性，1 ~ 2 龄幼虫多在植株基部叶背或分蘖叶背光处为害，3 龄后食量大增，5 ~ 6 龄进入暴食阶段，其食量占整个幼虫期的 90% 左右。3 龄后的幼虫有假死性，受惊动迅速蜷缩坠地，晴天白昼潜伏在根处土缝中，傍晚后或阴天爬到植株上为害。老熟幼虫入土化蛹。该虫适宜温度为 10 ~ 25℃，适宜相对湿度为 85%。气温低于 15℃或高于 25℃，产卵明显减少，气温高于 35℃即不能产卵。成虫产卵前需取食花蜜补充营养。天敌主要有步行甲、蛙类、鸟类、寄生蜂、寄生蝇等。

绿色防控技术

1. 理化诱控

（1）性诱捕器诱杀。田间每亩悬挂一台黏虫性诱捕器，诱杀成虫（图 17）。

（2）灯光诱杀。利用成虫的趋光性，安装黑光灯、高空灯、频振式杀虫灯诱杀成虫（图 18、图 19）。

（3）谷草把诱杀。利用成虫多在禾谷类作物叶上产卵习性，进行诱杀。在麦田插谷草把或稻草把，每亩插 60 ~ 100 个，每 5d 更换新草把，换下的草把要集中烧毁。

（4）糖醋液诱杀。利用成虫对糖醋液的趋性，诱杀成虫。用 0.5 份红糖、2 份食用醋、0.5 份白酒、8 份水加少许敌百虫或其他农药搅匀后，盛于盆内，置于距地面 1m 左右的田间，500m 左右设 1 个点，每 5d 更换 1 次药液（图 20、图 21）。

2. 生物防治 在黏虫卵孵化盛期喷施苏云金杆菌（Bt）制剂，低龄幼虫期可用灭幼脲防治。每亩可用灭幼脲 1 号有效成分 1 ～ 2g 或灭幼脲 3 号有效成分 3 ～ 5g 对水 30kg 均匀喷雾。

3. 化学防治 防治适期要掌握在幼虫 3 龄前。可用 90%晶体敌百虫，或 50%辛硫磷乳油 1 000 ～ 1 500 倍液；或 4.5% 高效氯氰菊酯乳油，或 2.5% 溴氰菊酯乳油 2 500 ～ 3 000 倍液喷雾防治。注意药剂的轮换交替使用，以延缓抗药性的产生。

图 17 黏虫，性诱捕器，诱杀成虫

图 18 黏虫，灯光诱杀，频振灯诱杀成虫

图 19 黏虫，灯光诱杀，高空灯诱杀成虫

图 20　黏虫，配制糖醋液

图 21　黏虫，糖醋液诱杀成虫

十一、东亚飞蝗

分布与为害

东亚飞蝗又名蚂蚱，属直翅目蝗科，主要分布在我国北纬42°以南的冲积平原地带，以冀、鲁、豫、津、晋、陕等省（市）发生较重。可为害小麦、玉米、高粱、谷子、芦苇等多种禾本科作物、杂草等，以成虫或若虫咬食植物叶、茎，密度大时可将植物吃成光秆。东亚飞蝗具有群居性、迁飞性、暴食性等特点，能远距离迁飞造成毁灭性为害（图1～图3）。

图1　东亚飞蝗，群聚型高密度蝗群，为害芦苇

图2　东亚飞蝗，为害芦苇

图3　东亚飞蝗，为害小麦

症状特征

1. 成虫（图 4）体形较大，雄成虫体长 33 ~ 48mm，雌成虫体长 39 ~ 52mm。有群居型、散居型和中间型三种类型。群居型体色为黑褐色；散居型体色为绿色或黄褐色，羽化后经多次交配并产卵后的成虫体色可呈鲜黄色；中间型体色为灰色。

成虫头部较大，颜面垂直。触角丝状，淡黄色。具有 1 对复眼和 3 个单眼，咀嚼式口器。前胸、中胸和后胸腹面各具 1 对足。中胸、后胸背面各着生 1 对翅。前胸背板马鞍形，中隆线明显，两侧常有暗色纵条纹，群居型条纹明显，散居型和中间型条纹不明显或消失；从侧面看，散居型中隆线上缘呈弧形，群居型较平直或微凹。

2. 卵、卵块（图 5）黄褐色或淡褐色，呈长筒形，长 45 ~ 67mm，卵粒排列整齐，微斜成 4 行长筒形，每个卵块有卵 40 ~ 80 粒，个别多达 200 粒（图 6）。

3. 蝗蝻（图 7）蝗虫的若虫称蝗蝻，共 5 龄。

图 4　东亚飞蝗，成虫

图 5　东亚飞蝗，卵块

图 6　东亚飞蝗，卵粒

图 7　东亚飞蝗，蝗蝻

发生规律

东亚飞蝗在北京以北1年发生1代，在黄淮海流域1年发生2代，南部地区1年发生3～4代。以卵在土中越冬。黄淮海流域第1代夏蝗4月中下旬孵化，6月中下旬至7月上旬羽化为成虫。第2代7月中下旬至8月上旬孵化，8月下旬至9月上旬羽化为成虫。卵多产在草原、河滩及湖泊沿岸荒地，1～2龄蝗蝻群集在植株上，2龄以上在光裸地及浅草地群集，密度大时形成群居型蝗蝻。群居型蝗蝻和成虫有结队迁移或成群迁飞的习性。一头东亚飞蝗一生可食267.4g食物，成虫期食量为蝗蝻期的3～7倍。东亚飞蝗喜食禾本科作物及杂草，饥饿时也取食大豆等阔叶作物。

东亚飞蝗的适生环境为地势低洼、易涝易旱，或水位不定的河库、湖滩地或沿海盐碱荒地，泛区、内涝区也易成为飞蝗的繁殖基地。大面积荒滩或间有耕作粗放的夹荒地最适宜蝗虫产卵。一般年份这些荒地随着水面缩小而增大，宜蝗面积增加。先涝后旱是导致蝗虫大发生的最重要条件。聚集、扩散与迁飞是飞蝗适应环境的一种行为特点。

绿色防控技术

1. 农业防治　大面积垦荒种植，精耕细作，减少蝗虫滋生地（图8）。因地制宜种植甘薯、马铃薯、麻类作物及紫穗槐、冬枣、牧草、麻类等飞蝗不食和不适宜的寄主作物，断绝、减少飞蝗的食物来源。

2. 生态调控　兴修水利，稳定河、湖水位，植树造林（图9），改善宜蝗区生态环境。

3. 生物防治

（1）保护利用天敌。

①充分保护蜜源植物，创造利于天敌繁殖的适生环境，保护利用双色补血草、阿尔泰紫菀等中华雏蜂虻蜜源植物，规划建立蜜源植物诱集带，以600m×（2～3）m为宜。注意保护原生态的蜜源植物，增加天敌数量。

②在蝗蝻3龄前，当蜘蛛、蚂蚁等天敌达到益害比大于1：5时，

图 8　东亚飞蝗，垦荒种植

图 9　东亚飞蝗，黄河滩区造林，紧邻黄河大堤的林网

可不进行化学防治；小于这一指标时，应选择性地施药，保护利用天敌。

③东亚飞蝗夏季发生期，中华雏蜂虻幼虫与飞蝗卵块比 1 ： 2 或中华雏蜂虻幼虫寄食蝗卵达 50 % 左右，东亚飞蝗秋季成虫期，中华雏蜂虻雌成虫与蝗虫雌成虫比达 1 ： 20 ，或中华雏蜂虻成虫数量达 150 ~ 225 头 /hm^2 时，要充分发挥天敌的自然控制作用。

④宜蝗区牧鸡牧鸭，在东亚飞蝗发生区散养鸡、鸭、鹅，利用鸡鸭鹅捕食飞蝗（图 10 ~ 图 13）。

⑤在蝗虫天敌保护利用区，要尽可能不用或少用化学农药，必须使用时，应避开天敌昆虫盛发期；同时，尽可能选用高效低毒的农药品种，最大限度减轻对天敌的杀伤，以充分发挥其自然控制作用。

（2）生物农药。在蝗蝻 2 ~ 3 龄期，用蝗虫微孢子虫每亩（2 ~ 3）× 109 个孢子，飞机作业喷施。也可用 20% 杀蝗绿僵菌油剂每亩 25 ~ 30mL，加入 500mL 专用稀释液后，用机动弥雾机喷施，若用飞机超低量喷雾，每亩用量一般为 40 ~ 60mL。也可用苦参碱、印楝素等生物制剂防治（图 14）。

4. 科学用药　在蝗虫大发生年或局部蝗情严重时，生态和生物措施不能控制蝗灾蔓延，应立即采用包括弥雾机（图 15 ~ 图 19）、自走式植物保护机械（图 20）、无人机（图 21 ~ 图 24）、大飞机（图 25）在内的所有先进施药器械，在蝗蝻 3 龄前及时进行应急防治。有机磷农药、菊酯类农药对东亚飞蝗均有很好的防治效果。

图10　东亚飞蝗，滩区放牧，牧羊

图11　东亚飞蝗，滩区放牧，牧鸡

图12　东亚飞蝗，滩区放牧，牧鸭

图13　东亚飞蝗，滩区放牧，牧鹅

图14　东亚飞蝗，生物农药

图15　东亚飞蝗，人工治蝗，黄河控导工程上防治

图 16　东亚飞蝗，人工治蝗，滩区麦田荒地防治

图 17　东亚飞蝗，人工治蝗，滩区荒地防治

图 18　东亚飞蝗，人工治蝗，靠近黄河河道荒地防治

图 19　东亚飞蝗，人工治蝗，滩区农田旁边荒地防治

图 20　东亚飞蝗，自走式植物保护机械治蝗

图 21　东亚飞蝗，无人机治蝗，专业化服务组织防治

图 22　东亚飞蝗，无人机治蝗，滩区农田施药

图 23　东亚飞蝗，无人机治蝗，滩区荒地施药

图 24　东亚飞蝗，无人机治蝗，飞越过河叉沟施药

图 25　东亚飞蝗，飞机治蝗，采用 GPS 定位精准施药

十二、耕葵粉蚧

分布与为害

耕葵粉蚧是小麦根部的一种新害虫，分布于辽宁、河北、河南、山东、山西、安徽等省。以成虫、若虫聚集在小麦根部为害，造成小麦生长发育不良（图 1、图 2）。该虫除为害小麦外，还为害玉米、谷子、高粱等多种禾本科作物和杂草。

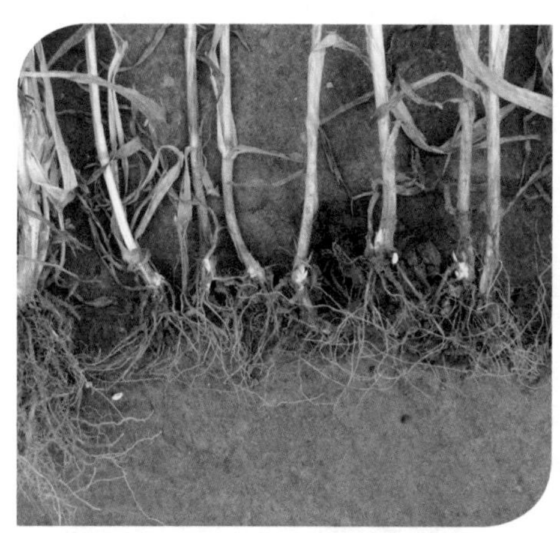

图 1　耕葵粉蚧，在小麦根部为害状

图 2　耕葵粉蚧，造成小麦发育不良

症状特征

雌成虫（图 3）体长 3 ～ 4.2mm，宽 1.4 ～ 2.1mm，长椭圆形，扁平，两侧缘近似于平行，红褐色，全身覆一层白色蜡粉。雄成虫体长约 1.42mm，宽约 0.27mm，身体纤弱，全体深黄褐色。卵长椭圆形，初橘黄色，孵化前浅褐色，卵囊白色，棉絮状。若虫共 2 龄，1 龄若虫体表无蜡粉，2 龄若虫体表出现白蜡粉。蛹长形略扁，黄褐色。茧长形，白色柔密，两侧近平行。

图 3　耕葵粉蚧，雌成虫

发生规律

在黄淮平原区耕葵粉蚧 1 年发生 3 代，以卵附着在田间残留的玉米根茬、苞叶内、杂草根部或土壤中残存的秸秆上越冬。第 1 代发生在 4 月中下旬至 6 月中旬，以若虫和雌成虫聚集在小麦根部为害，导致小麦发育不良（图 4、图 5）。越冬卵开始孵化，初孵若虫先在卵囊内活动 1 ~ 2d，再向四周分散，寻找寄主后固定下来为害。1 龄若虫活跃，没有分泌蜡粉保护层，是药剂防治的有利时期；2 龄后开始分泌蜡粉，在地下或进入植株下部的叶鞘中为害。第 2 代发生在 6 月中下旬至 8 月上旬，主要为害夏玉米幼苗。小麦收获时成虫羽化，产卵于玉米茎基部土中或叶鞘里，6 月中下旬卵孵化，迁至夏玉米的根部或近地面的叶鞘内。此时因夏玉米苗小，抵抗力弱，极易造成严重为害。第 3 代发生在 8 月上中旬至 9 月中旬，主要为害玉米、高粱等，因作

图 4　耕葵粉蚧，聚集在小麦根部为害

图 5　耕葵粉蚧，受害枯死的小麦萌出蘖生芽

物接近成熟，影响较小。9 ~ 10 月陆续产卵越冬，完成循环。

绿色防控技术

1. 农业防治

（1）合理轮作倒茬。耕葵粉蚧发生严重的地块不宜采用小麦—玉米两熟制种植结构，可将夏玉米改种棉花、豆类、甘薯、花生等双子叶作物，以破坏该虫的适生环境（图 6）。

（2）及时深耕灭茬。重发区夏秋作物收获后要及时深耕灭茬，并将根茬带出田外销毁（图 7）。

（3）加强水肥管理。配方施肥，适时冬灌，合理灌溉，精耕细作，提高作物抗虫能力。

2. 化学防治　在 1 龄若虫期，用 50% 辛硫磷乳油或 48% 毒死蜱乳油 800 ~ 1 000 倍液顺麦垄灌根，使药液渗到植株根茎部位，提高防治效果。

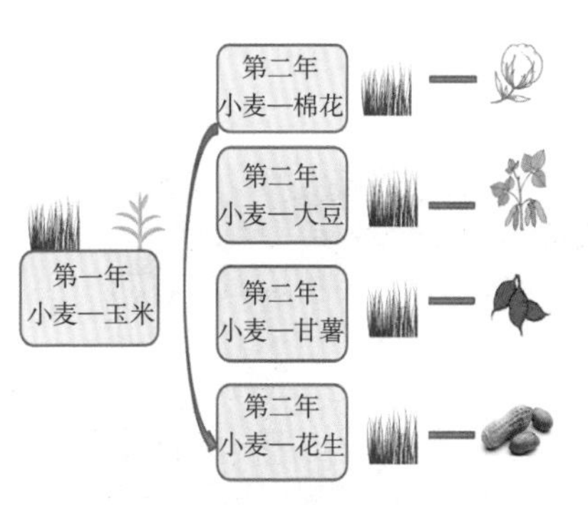

图 6　耕葵粉蚧，轮作模式

图 7　耕葵粉蚧，土壤深翻

十三、斑须蝽

分布与为害

斑须蝽又名细毛蝽、黄褐蝽、斑角蝽、臭大姐，是小麦上的重要害虫，广泛分布在我国各地。该虫食性复杂，除为害小麦外，还可为害大麦、玉米、水稻、谷子、高粱、大豆、棉花、蔬菜、果树等多种农作物。以成虫和若虫刺吸嫩叶、嫩茎及穗部汁液。茎叶被害后，出现黄褐色斑点，严重时叶片卷曲，嫩茎凋萎，籽粒瘪瘦，影响小麦产量和品质。

症状特征

1. 成虫 体长 8 ~ 13.5mm，宽约 6mm，椭圆形，黄褐色或紫色，密被白绒毛和黑色小刻点；触角黑白相间；喙细长，紧贴于头部腹面。小盾片末端钝而光滑，黄白色。前翅革片红褐色，膜片黄褐色，透明，超过腹部末端。胸腹部的腹面淡褐色，散布零星小黑点，足黄褐色，腿节和胫节密布黑色刻点（图 1）。

图1 斑须蝽，成虫

2. 卵 粒圆筒形，初产浅黄色，后灰黄色，卵壳有网纹，生白色短绒毛。卵排列整齐，成块状（图 2 ~ 图 4）。

3. 若虫　形态和色泽与成虫相同，略圆，腹部每节背面中央和两侧都有黑色斑（图 5）。

图 2　斑须蝽，叶片上的卵块

图 3　斑须蝽，叶片刚孵化的若虫

图 4　斑须蝽，穗部正在孵化的卵和刚孵化的若虫

图 5　斑须蝽，示若虫腹部每节背面中央及两侧的黑斑

发生规律

斑须蝽 1 年发生 1 ~ 3 代。内蒙古 1 年发生 2 代，以成虫在植物根际、枯枝落叶下、树皮裂缝中或屋檐底下等隐蔽处越冬。成虫 4 月初开始活动，4 月中旬交尾产卵，4 月底 5 月初幼虫孵化，第 1 代成虫 6 月初羽化，6 月中旬为产卵盛期；第 2 代于 6 月中下旬至 7 月上旬幼虫孵化，8 月中旬开始羽化为成虫，10 月上中旬陆续越冬。在黄淮流域 1 年发生 3 代，第 1 代发生于 4 月中旬至 7 月中旬，第 2 代发生于 6 月下旬至 9 月中旬，第 3 代发生于 7 月中旬经越冬到翌年 6 月上旬。后期世代重叠现象明显。

绿色防控技术

成虫多将卵产在上部叶片正面或麦穗上，呈多行整齐排列，成块状。初孵若虫群集为害，2 龄后扩散为害。成虫及若虫有恶臭，喜群集于作物幼嫩部分和穗部吸食汁液为害。

1. 农业防治

（1）清洁田园，深翻土壤，及时排涝，降低田间湿度。配方施肥，合理灌溉，提高作物抗虫能力。

（2）轮作。和非本科作物轮作，水旱轮作效果最好（图 6）。

（3）人工捕捉。幼虫孵化期，摘除有未孵化的卵块、未散开的幼虫的植物叶片，集中杀灭。

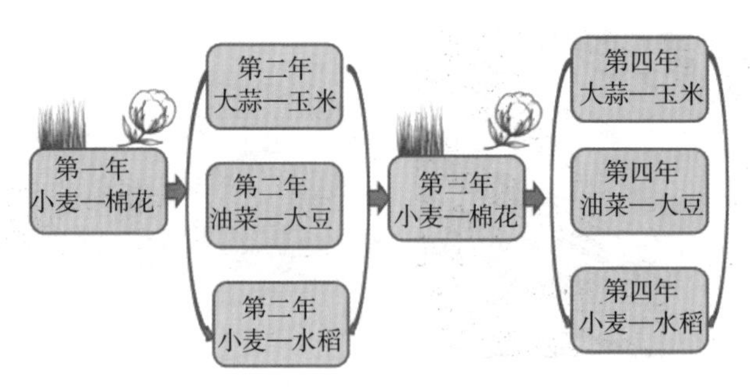

图 6　斑须蝽，轮作模式

2. 理化诱控　成虫盛发期，用黑光灯、频振式杀虫灯诱杀成虫（图 7）。

3. 科学用药　在低龄若虫期，用 45% 乐斯本乳油 1 000 倍液，或 2.5% 鱼藤酮乳油 1 000 倍液，或 4.5% 高效氯氰菊酯乳油 2 500 倍液，或 2.5% 功夫乳油 1 000 倍液喷雾防治。

图 7　斑须蝽，灯光诱杀

十四、灰飞虱

分布与为害

灰飞虱是小麦上的主要害虫，除为害小麦外，还可为害水稻、玉米、稗、草坪禾草等多种植物，广泛分布于我国小麦产区，以长江中下游和华北地区发生较多。成虫、若虫均以口器刺吸小麦、水稻汁液为害，造成植株枯黄，排泄的蜜露易诱发煤污病。另外，灰飞虱是多种农作物病毒病的传毒介体。

症状特征

1. 成虫（图 1）　长翅型雄虫体长 3.5mm，雌虫体长 4.0mm；短翅型雄虫体长 2.3mm，雌虫体长 2.5mm。雄虫头顶与前胸背板黄色，雌虫则中部淡黄色，两侧暗褐色。前翅近于透明，具翅斑。胸、腹部腹面雄虫为黑褐色，雌虫为黄褐色，足皆淡褐色。

图 1　灰飞虱，成虫

2. 若虫　共 5 龄。1 龄乳白色至淡黄色，胸部各节背面沿正中有纵行白色部分；2 龄黄白色，胸部各节背面为灰色，正中纵行的白色部分较 1 龄明显；3 龄灰褐色，胸部各节背面灰色增浓，正中线中央白色部分不明显，前、后翅芽开始呈现；4 龄灰褐色，前翅翅芽达腹部第 1 节，后胸翅芽达腹部第3节，胸部正中的白色部分消失；5龄灰褐色增浓，中胸翅芽达腹部第3节后缘并覆盖后翅，后胸翅芽达腹部第2节，腹部各节分界明显，腹节间有白色的细环圈。越冬若虫体色较深。

3. 卵 呈长椭圆形，稍弯曲，长1.0mm，前端较细于后端，初产乳白色，后期淡黄色。

发生规律

在北方地区1年发生4～5代。华北地区越冬若虫于4月中旬至5月中旬羽化，第1代若虫5月下旬至6月中旬羽化，第2代若虫于6月下旬至7月下旬羽化，第3代若虫于7月至8月上中旬羽化，第4代若虫于9月上旬至10月上旬羽化，有部分则以3龄或4龄若虫进入越冬状态，第5代若虫在10月上旬至11月下旬进入越冬期。

灰飞虱耐低温能力较强，对高温适应性较差，其生长发育的适宜温度在28℃左右，冬季低温对其越冬若虫影响不大，在辽宁盘锦地区亦能安全越冬，不会大量死亡，在–3℃且持续时间较长时才产生麻痹冻倒现象，但除部分致死外，其余仍能复苏。当气温超过2℃、无风天晴时，又能爬至寄主茎叶部取食并继续发育。冬暖、春秋季气温偏高为害重。

在田间喜通透性良好的环境，栖息于植株的较高部位，并常向田边移动集中，因此田边虫量多。成虫喜在生长嫩绿、高大茂密的地块产卵。

灰飞虱能传播小麦丛矮病、水稻条纹叶枯病、水稻黑条矮缩病、玉米粗缩病毒病等多种病毒病，造成的为害远远大于直接吸食作物汁液。

绿色防控技术

1. 农业防治 选用抗（耐）虫品种，科学肥水管理，提高作物抗虫能力。

2. 化学防治 用60%吡虫啉悬浮种衣剂20mL，拌小麦种子10kg。也可用10%吡虫啉可湿性粉剂1 000倍液，或48%毒死蜱乳油1 000倍液，或5%啶虫脒可湿性粉剂1 000～1 500倍液喷雾防治。

十五、麦拟根蚜

分布与为害

图1　麦拟根蚜，大田为害状

麦拟根蚜是为害小麦根部的偶发性害虫，该虫分布于欧洲，在亚洲仅伊朗、朝鲜、中国有分布，在我国分布于山东、河北、河南、陕西、甘肃、云南各省。除为害小麦外，还可为害玉米、高粱、大豆、陆稻及稗、马唐草、狗尾草、虎尾草、蟋蟀草等多种杂草。在小麦上集中在根部为害，吸食根部汁液，造成小麦叶片由基部向上枯黄，受害重者不能抽穗（图1）。一般减产5%左右，严重的可减产30%～40%。

症状特征

无翅孤生雌蚜淡黄色，扁卵圆形，长3.5mm，背表皮有细网纹。体背短尖毛多。复眼多而小，有眼瘤。缺腹管。少数绿色圆球形，体长约1.7mm。有翅孤生雌蚜体长2.8mm，背表皮细网纹明显。触角长1.1mm，前翅两肘脉共柄，中脉不分叉（图2、图3）。

图 2　麦拟根蚜，淡黄色若蚜，为害小麦根部

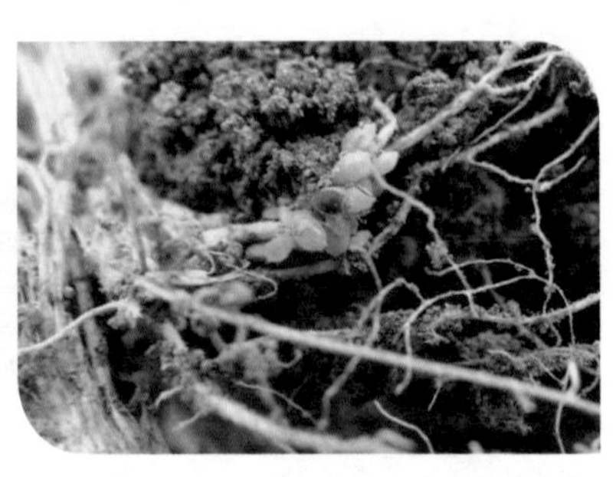

图 3　麦拟根蚜，绿色若蚜，为害小麦根部

发生规律

麦拟根蚜在山东 1 年发生 9 代，麦田中 3 月中旬始见，5 月为盛发期，6 月下旬随麦收和麦根部干枯，转移至玉米或杂草根部寄生。

麦拟根蚜营不全周期生活，以成蚜、若蚜隐藏于杂草根下 10 ~ 20cm 深蚁穴中，与蚂蚁共生度夏；秋季寄生于杂草根部，深秋转移至麦苗根部，封冻前潜入田头地边 20 ~ 80cm 深蚁室，与蚁共生越冬。有翅蚜有两个高峰期，即 6 月上中旬和秋末。

该虫与蚁共生，在土中扩散及越冬、越夏都必须有蚁的参与才能完成（图 4、图 5）。

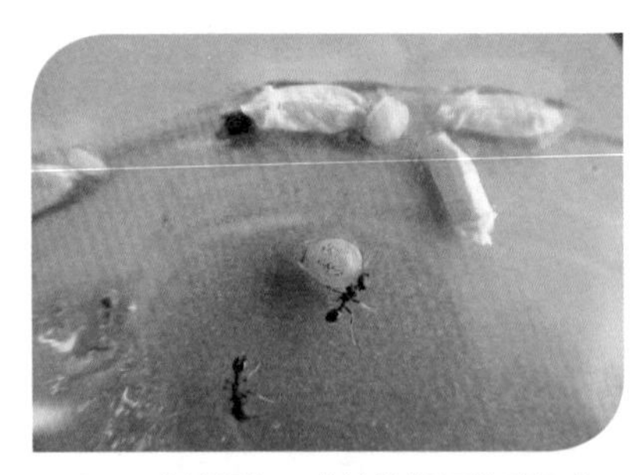

图 4　麦拟根蚜，草地蚁搬运转移蚜虫

图 5　麦拟根蚜，与其共生的草地蚁

绿色防控技术

1. 农业防治　清洁田园，清除田间地头杂草，作物收获后及时深翻土壤，破坏麦拟根蚜的生存环境。精耕细作，合理灌水施肥，提高作物抗虫能力。

2. 科学用药　用60%吡虫啉悬浮种衣剂20mL，拌小麦种子10kg。也可用48%毒死蜱乳油1 000倍液灌根，杀灭根部寄生的蚜虫。

十六、袋蛾

分布与为害

袋蛾又名蓑蛾、避债蛾，以大袋蛾最为常见，分布于云南、贵州、四川、湖北、湖南、广东、广西、台湾、福建、江西、浙江、江苏、安徽、河南、山东等省（区）。主要为害法桐、枫杨、柳树、榆树、槐树、茶树、栎树、梨树等多种林木、果树。以蔷薇科、豆科、杨柳科、胡桃科及悬铃木科植物受害最重。偶尔也为害小麦（图 1、图 2）、玉米、棉花等农作物。幼虫取食树叶、嫩枝及幼果，大发生时可将全部树叶吃光，是灾害性害虫。

图1　麦田袋蛾，大田为害状

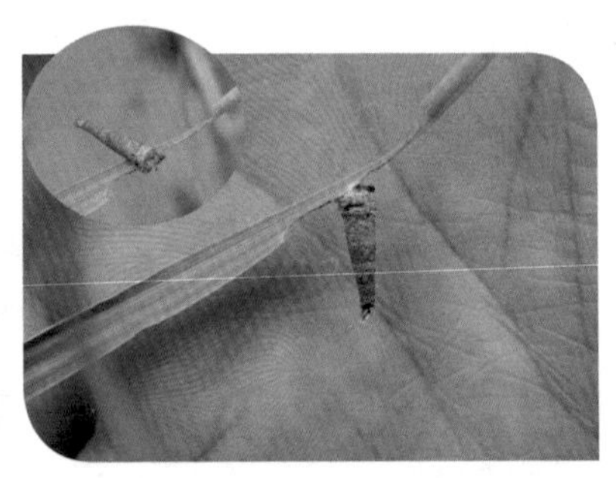

图2　麦田袋蛾，叶片上的为害状及袋囊

症状特征

1. 成虫　雌雄异形。雌成虫无翅，乳白色，肥胖呈蛆状，头小、黑色、圆形，触角退化为短刺状，棕褐色，口器退化，胸足短小，腹部 8 节均有黄色硬皮板，节间生黄色鳞状细毛。雄虫有翅，翅展 26 ~ 33mm，体黑褐色，触角羽状，前、后翅均有褐色鳞毛，前翅有 4 ~ 5 个透明斑。

2. 卵　椭圆形，淡黄色。

3. 幼虫　雌幼虫较肥大，黑褐色，胸足发达，胸背板角质，污白色，中部有两条明显的棕色斑纹；雄幼虫较瘦小，色较淡，呈黄褐色。

4. 蛹　雌蛹黑褐色，长 22 ~ 33mm，无触角及翅；雄蛹黄褐色，细长，17 ~ 20mm，前翅、触角、口器均很明显。

发生规律

在河南、江苏、浙江、安徽、江西、湖北等地 1 年发生 1 代，南京和南昌 1 年发生 1 ~ 2 代，广州 1 年发生 2 代。

以老熟幼虫在袋囊中挂在树枝梢或农作物枝叶上越冬。在郑州地区，翌年 4 月中下旬幼虫恢复活动，但不取食。雄虫 5 月中旬开始化蛹，雌虫 5 月下旬开始化蛹，雄成虫和雌成虫分别于 5 月下旬及 6 月上旬羽化，并开始交尾产卵。6 月中旬幼虫开始孵化，6 月下旬至 7 月上旬为孵化盛期，8 月上中旬为害剧烈，9 月上旬幼虫开始老熟越冬。成虫羽化一般在傍晚前后，雄蛾在黄昏时刻比较活跃，有趋光性。雌成虫终生栖息于袋囊中，雄成虫从雌成虫袋囊下端孔口伸入交尾器进行交配。雌虫产卵于袋囊中。初孵幼虫自袋囊中爬出，群集于周围叶片上，后吐丝下垂，顺风传播蔓延。以丝撮叶或少量枝梗营造袋囊护体，幼虫隐匿囊中，袋囊随虫龄不断增大，取食迁移时均负囊活动，故有袋蛾和避债蛾之称。3 龄后，食叶穿孔或仅留叶脉。幼虫昼夜取食，以夜晚食害最凶，严重时可听到沙沙的食叶声。在安徽合肥各虫态历期为卵期 17 ~ 22d，幼虫期 210 ~ 240d，雌蛹期 12d，雄蛹期 24 ~ 33d，雌成虫寿命 12 ~ 19d，雄成虫寿命 2 ~ 3d。在江西南昌，卵期平均 21.5d，雌幼虫发育期 320d，雄幼虫发育期 300d；雌蛹期 17d，雄蛹期 40.7d，雌成虫寿命 14d，雄成虫寿命 4.7d。该虫一般在干旱年份最易猖獗成灾，6 ~ 8 月总降水偏少易大量发生。

绿色防控技术

小麦上一般不需要对其进行针对性防治。林木、果树、农牧、农林交界处是重点监测防治区域。

1. 农业防治 秋、冬季树木落叶后，及时摘除越冬袋囊，集中深埋或烧毁。

2. 生物防治 在幼虫孵化高峰期或幼虫为害盛期，用每 mL 含 1 亿孢子的苏云金杆菌溶液喷洒。也可用 25% 灭幼脲 500 倍液，或 1.8% 阿维菌素乳油 2 000 ~ 3 000 倍液，或 0.3% 苦参碱可溶性液剂 1 000 ~ 1 500 倍液，喷雾防治。

3. 科学用药

幼虫孵化后，用 90% 敌百虫 1 000 倍液，或 80% 敌敌畏乳油 800 倍液，或 40% 氧化乐果 1 000 倍液，或 25% 杀虫双 500 倍液喷洒。

第四部分 小麦全生育期主要病虫害绿色防控模式

小麦主要病虫害全程绿色防控技术模式是以小麦为主线，针对小麦不同生育期发生的重大病虫害，综合应用植物检疫、农业防治、物理防治、生物防治和化学防治等技术，并优化组合集成的综合防控技术措施。

一、防控对象及策略

1. 防控对象 重点防控对象是小麦锈病、赤霉病、白粉病、纹枯病、根腐病、蚜虫、麦蜘蛛和地下害虫，兼顾茎基腐病、全蚀病、孢囊线虫病、黑穗病、黄花叶病毒病、叶蜂、灰飞虱、潜叶蝇等。

2. 防控策略 贯彻“预防为主，综合防治”的植物保护工作方针和“科学植保、公共植保、绿色植保”新理念。严格执行植物检疫法规。采取生态控制、农业防治、物理防治、生物防治、化学防治相结合的防治策略。以种植小麦抗（耐）病虫品种和健康栽培为基础，因地制宜，针对全生育期不同阶段的防控重点，采取相应的防控技术措施。强化落实麦播期防控技术措施，优化生长期防控技术的配套使用。推广使用先进的植物保护机械，对重大病虫开展统防统治，最终达到小麦主要病虫害的有效防控和农产品品质提升的双赢目的。

二、技术路线

1. 播种期 主攻对象是小麦土传、种传、根部病害、传毒昆虫及地下虫，兼顾翌年早春病虫害。具体包括纹枯病、茎基腐病、根腐病、全蚀病、孢囊线虫病、黑穗病、黄花叶病毒病、灰飞虱、苗期蚜虫及翌年早春病虫害。

（1）轮作倒茬。在全蚀病、孢囊线虫病、黄花叶病毒病、小麦吸浆虫等严重发生区，与水稻、棉花、油菜、大豆、豌豆、三叶草、苜蓿等非寄主作物轮作 2 ~ 3 年，以减轻病虫情（图 1、图 2）。

（2）精选良种。

①选用抗（耐）病品种。对小麦主要病虫害综合抗性较好的品种有周麦 12 号、周麦 22、郑麦 004、郑麦 119、郑麦 366、郑麦 9405、西农 20、西农 979、西农 3517、新麦 11、新麦 19、陕农 33、阳光

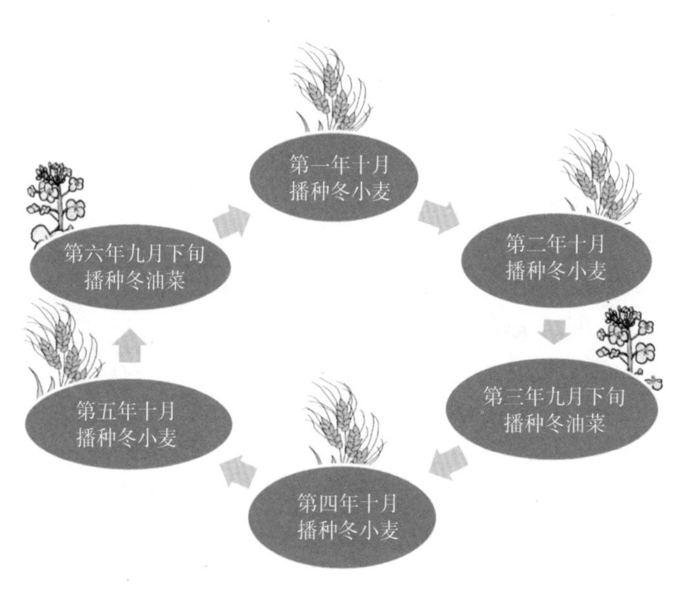

图1　绿色防控模式，轮作模式，小麦油菜轮作

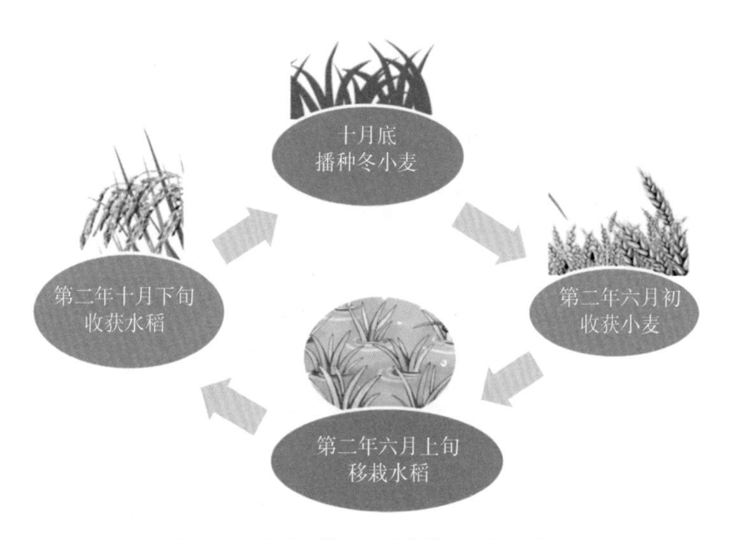

图2　绿色防控模式，轮作模式，水旱轮作

818、洲元 9369、豫麦 47、豫麦 68、豫麦 70-36、濮麦 9 号、中育 8 号。以下是对不同病害抗性较好的小麦品种名单。

对小麦锈病，可选择周麦 12、周麦 22、周麦 30、周麦 36、郑麦 004、郑麦 366、济麦 4 号、阳光 818、新麦 11、豫麦 17、豫麦 47、豫麦 68、豫麦 70-36、豫展 9705、濮麦 9 号、中育 8 号、驻麦 328、汝麦 0319 等。

对条锈病，抗性较好的品种有周麦 17、周麦 21、周麦 32、郑麦 98、郑麦 101、郑麦 119、郑麦 132、郑麦 369、郑麦 8329、郑麦 9405、西农 509、西农 511、西农 529、西农 979、西农 9718、存麦 8 号、淮麦 40、豫丰 11、郑品麦 8 号、博农 6 号、锦绣 21、百农 207、洲元 9369、矮抗 58、新麦 18、新麦 19、新麦 28、豫麦 34、豫麦 49、豫麦 49-198、豫麦 69、百农 418、中育 6 号、淮麦 16、济麦 1 号、偃展 4110、苑麦 98、西农 511、西农 928、西农 979、小堰 6 号、陕农 229、赛德麦 6 号、怀川 358、云台 301、鲁麦 1 号、鲁麦 23、晋麦 54、川麦 107、皖麦 19、皖麦 53 等。

对叶锈病，抗性较好的品种有郑麦 0856、郑麦 9023、漯麦 8 号、先麦 10 号、烟农 999、周麦 24、许科 316、赛德麦 5 号、怀川 916、焦麦 266 等。

对白粉病，可以选择郑麦 004、郑麦 119、郑麦 9405、郑麦 9962、阳光 818、扬麦 13、新麦 11、新麦 19、洲元 9369、矮抗 58、豫麦 68、豫麦 70-36、周麦 12 号、淮麦 16、濮麦 9 号、云麦 53、中育 8 号等。

对纹枯病，可以选择新麦 26、济麦 1 号 、济麦 4 号、扬麦 15、镇麦 168、博农 6 号、郑麦 004、郑麦 98 、郑麦 9405、洲元 9369、漯麦 8 号、阳光 818、先麦 10 号、师栾 02-1、周麦 24、许科 316、开麦 18、濮麦 9 号、濮优 938、宁麦 15、新麦 11 、新麦 18、豫麦 47 号、豫麦 70-36 、怀川 101、焦麦 266 等。

对赤霉病，可以选择郑麦 9023、西农 979、镇麦 168、博农 6 号、洲元 9369、光明麦 1311、宁麦 15 等。

对全蚀病，可以选择科优 1 号、豫展 9705 、豫 58-998 、偃展

4110 、新麦 11 号、高优 505 、豫麦 18 号、豫麦 49 号等。

对孢囊线虫病，可以选择太空 6 号、豫麦 2 号、温麦 4 号、矮抗 58、濮麦 9 号、新麦 18、新麦 19 等。

对叶枯病，可以选择周麦 21 号、周麦 24、郑麦 98、郑麦 366、郑麦 0856、郑麦 9023、郑麦 9405、济麦 4 号、先麦 10 号、矮抗 58、新麦 11、豫麦 49-198、豫麦 70-36、豫农 949、许科 316、开麦 18、济麦 1 号、濮麦 9 号、汝麦 0319、洛麦 22 等。

对黄花叶病毒病，可以选择新麦 208、豫麦 70-36、泛麦 5 号、郑麦 366、豫麦 9676 和陕麦 229 等。

对根腐病，可以选择郑麦 9962、平安 8 号和周麦 24 等。

对茎基腐病，可以选择周麦 24、周麦 26、周麦 27、华育 198、开麦 18、百农 207、平安 8 号、兰考 198、许科 718、泛麦 8 号、豫麦 1 号、豫麦 201、济麦 22、郑麦 9023 等。

对黄矮病，可以选择小偃 22、临抗 1 号等。

对秆黑粉病，可以选择矮抗 58、豫麦 49-198、北京 5 号、阿勃、矮丰 1 号、矮丰 2 号等。

对黑胚病，可以选择豫优 1 号、国优 1 号、豫麦 13、豫麦 34、豫麦 35、豫麦 47、周麦 13、矮丰 3 号、铭贤 169、西安 8 号、小堰 54 等。

对煤污病，可以选择百农 207、衡观 35、华育 198、百农 418、豫农 054 、开麦 18 等。

对吸浆虫，可以选择郑麦 004、洛阳 851、洛阳 852、徐州 21 号、西农 6028 等。

②购买合法的健康种子。购买经过种子管理部门、检疫部门检验检疫的健康种子，控制检疫性病虫发生蔓延。可通过查看是否有植物检疫编号、是否有植物检疫标识进行识别，二者缺一不可（图 3）。

③筛选种子。对未精选的小麦种子要进行种子精选，去除秕粒、病粒、虫瘿、破损粒及杂草籽（图 4 ~ 图 7）。

（3）健康栽培。

①精细整地。旋耕田块一定要耙实，连续旋耕 2 ~ 3 年的麦田必

图 3　绿色防控模式，带有检疫标识的小麦种子包装

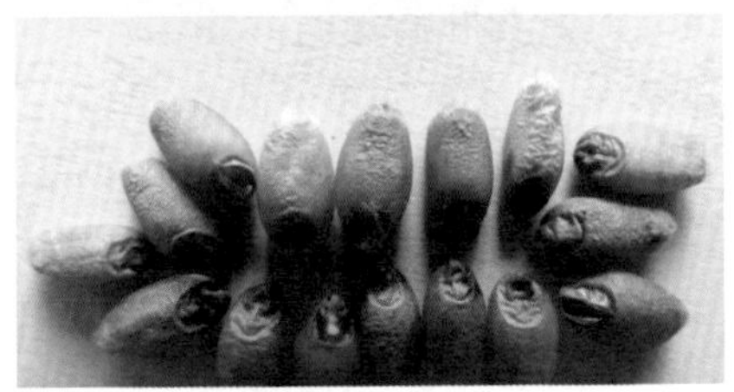

图 4　绿色防控模式，种子精选，剔除病粒、破损粒、萌动粒

图 6　绿色防控模式，种子精选机械

图 7　绿色防控模式，种子精选机械，生产现场

须深翻一次，降低土壤中的病虫基数（图 8、图 9）。清洁田园，将病残体带到田外集中深埋或销毁。小麦、玉米收获后秸秆还田时要粉碎切细（图 10 ~ 图 12），深耕掩埋，耙耱压实。播后镇压。

②适时播种。播种深度 3 ~ 5cm，避免播种过深，合理密植，每亩播种量 10 ~ 12.5kg，创造合理群体结构，培育健壮个体，提高小麦

自身抗逆能力。适期播种，以减轻多种病虫的发生和为害，为搞好全程控制病虫害奠定基础，针对小麦锈病、纹枯病、根腐病等适期迟播，减轻秋苗发病；小麦孢囊线虫严重地块，适当早播，培育壮苗。播后镇压，踏实土壤，增强种子与土壤的接触度，提高出苗率，同时对小麦孢囊线虫有一定的抑制作用。

图 8　绿色防控模式，土壤旋耕

图 9　绿色防控模式，土壤深翻

图 10　绿色防控模式，小麦秸秆还田

图 11　绿色防控模式，麦收后施用秸秆腐熟剂，田间撒施

③农机与农艺相融合。根据当地实际情况，将常规等行播种模式改为宽窄行种植模式（宽行 25cm、窄行 15cm），增加田间通风透光，创造不利于小麦红蜘蛛、小麦白粉病、锈病等病虫害发生的田间小环境，减轻病虫为害，同时为小麦中后期病虫害防治预留出植物保护机械行走通道，方便小麦全生育期开展病虫草害统防统治工作。（图 13 ~图 15）。

④科学水肥管理。增施腐熟的有机肥，要避免偏施氮肥，合理密植，合理浇水，节水灌溉（图 16、图 17），忌大水漫灌，雨后及时排涝，做到田间无积水，保持田间较低的湿度。对小麦孢囊线虫病发生重的田块，要适当增施氮肥和磷肥。

图 12　绿色防控模式，小麦赤霉病，秋收后施用秸秆腐熟剂

图 13　绿色防控模式，宽窄行播种，播种机械

图 14　绿色防控模式，宽窄行播种，播种后田块

图 15　绿色防控模式，宽窄行播种，播种后出苗情况

图 16　绿色防控模式，节水灌溉，普通喷灌

图 17　绿色防控模式，节水灌溉，大型自动喷灌

（4）土壤处理。病虫害发生严重地块进行土壤处理，纹枯病、根腐病等病害严重发生地块进行土壤处理，用 70% 甲基硫菌灵可湿性粉剂或 50% 多菌灵可湿性粉剂每亩 2 ~ 3kg，加细土 20 ~ 30kg 混匀，犁地前均匀撒施地面，随犁地翻入土中；地下害虫发生严重时，在拌种的基础上每亩用 3% 辛硫磷颗粒剂 3 ~ 4kg 进行土壤处理，犁地前均匀撒施地面，随犁地翻入土中，防治地下害虫；也可以在犁地后撒施毒土，再耙地混土均匀（图 18 ~ 图 20）。

（5）种子包衣拌种。30g/L 苯醚甲环唑悬浮种衣剂 40mL+2.5% 咯菌腈悬浮种衣剂 20mL+40% 辛硫磷乳油 20mL，对水 150mL，拌麦种 10kg，在阴凉处晾干后播种，防治地下虫（蛴螬、金针虫、蝼蛄）和土传种传病害（茎基腐病、纹枯病、根腐病等）。防治蚜虫，用 600g/L 吡虫啉悬浮种衣剂 20mL 或 30% 噻虫嗪悬浮种衣剂，拌小麦种子 10kg（图 21 ~ 图 24）。

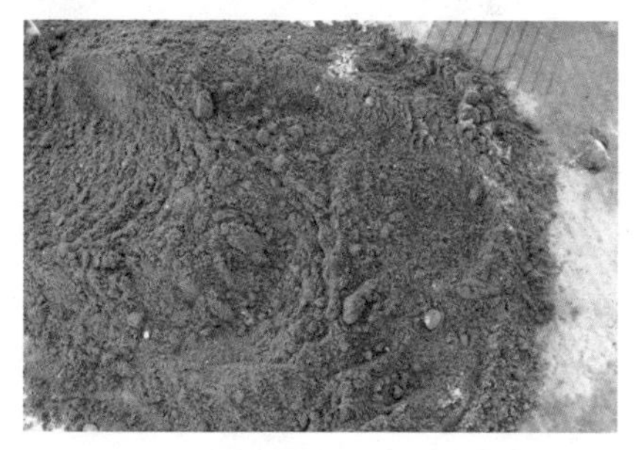

图 18　绿色防控模式，土壤处理，配制毒土

图 19　绿色防控模式，土壤处理，耕地前撒施毒土

图 20　绿色防控模式，土壤处理，撒施毒土后翻耕

图 21　绿色防控模式，种子包衣拌种，小型机械包衣拌种

拌种时加入50%硅丰环湿拌种剂2 ~ 4g，或0.11%吲哚乙酸水剂0.1 ~ 0.15mL，或0.5%几丁聚糖悬浮种衣剂300mL等生长调节剂一起处理种子，促进小麦出苗、生根、分蘖和健壮生长，提高小麦植株抗逆能力。

图22 绿色防控模式，种子包衣拌种，大型机械包衣拌种

图23 绿色防控模式，种子包衣拌种，包衣后晾干

图24 绿色防控模式，种子包衣拌种，装袋

2. 分蘖期

（1）化学除草。杂草基本出齐，平均气温应稳定在6℃以上，选择晴好天气，于上午10时至下午4时，气温在10℃以上时施药。施药器械最好选用大型植物保护机械，以确保施药均匀（图25 ~ 图27）。

①以婆婆纳、猪殃殃、播娘蒿、荠菜、泽漆等阔叶杂草为主的田块，每亩用34%氯吡·唑草酮可湿性粉剂15 ~ 30g，或9%双氟·唑草酮悬浮剂15 ~ 20mL，或48%2甲·氯·双氟悬浮剂50 ~ 60mL对水均匀喷雾。

②以蜡烛草、野燕麦等禾本科杂草为主的田块，每亩用15%炔草酯微乳剂25 ~ 30mL对水均匀喷雾。以节节麦为主的田块，每亩用3%

甲基二磺隆乳油 20 ~ 30mL 对水均匀喷雾。

③多种杂草混合发生地块，根据草相选择相应除草剂混合施药。

（2）及时浇灌封冻水。当日平均温度在 4 ~ 5℃，达到夜冻昼消的状态时，及时灌溉封冻水，杀灭土壤中的越冬害虫，减少害虫越冬基数（图 28）。

图 25　绿色防控模式，化学除草，自走式机械施药

图 26　绿色防控模式，化学除草，大型自走式机械施药

图 27　绿色防控模式，化学除草，无人机施药

图 28　绿色防控模式，浇灌封冻水

3. 返青拔节期　返青拔节期的防治重点为红蜘蛛、纹枯病、根腐病等根部病害。冬前未化除地块及早化除。

（1）化学除草。小麦返青后，冬前未化除地块及早进行化除。

（2）防治红蜘蛛。

①小麦浇灌返青水前，先扫动麦株，使红蜘蛛假死落地，随即

放水，淹死大部分红蜘蛛。

②释放天敌。如在大面积田块，可以释放红蜘蛛天敌捕食螨、草蛉、瓢虫、花蝽等，控制红蜘蛛为害。

③化学防治。每亩用1.8%阿维菌素乳油20～30mL，或4%联苯菊酯微乳剂30～50mL对水均匀喷雾，施药时可加入激健（农药增效减量助剂）15mL，达到减少农药使用量，提高防效的目的。

（3）防治纹枯病、根腐病、全蚀病等根部病害。

每亩用井冈·蜡芽菌可湿性粉剂（蜡质芽孢杆菌含量16亿个/g，井冈霉素含量4%）100～130g，或16%井冈霉素可溶粉剂43.8～56.3g，或1亿孢子/g木霉菌水分散粒剂50～100g，或12.5%烯唑醇可湿性粉剂20～30g，或20%三唑酮可湿性粉剂40～50g，对准小麦基部喷淋。严重发生田，隔7～10d再喷1次。将药液重点喷淋在小麦植株茎基部，以确保防治效果。注意轮换用药（图29～图31）。

4. 小麦孕穗期 重点防治小麦蚜虫、吸浆虫，预防倒春寒。

（1）诱杀驱避蚜虫。利用黄板诱杀蚜虫，降低虫口密度。放置方法为黄板下缘与小麦植物高度等高，悬挂时黄板与麦垄方向平行，两个黄板之间南北间隔7 m，东西间隔6 m（图32）。也可结合间作套种，在田间铺设银灰色膜避蚜。

图29 绿色防控模式，纹枯病统防统治，人工防治

图30 绿色防控模式，纹枯病统防统治，自走式机械防治（1）

图 31　绿色防控模式，纹枯病统防统治，自走式机械防治（2）

图 32　绿色防控模式，黄板诱杀蚜虫

（2）防治吸浆虫。每亩用 5% 毒死蜱颗粒剂 1.5 ~ 2kg，拌细土 20kg，均匀撒在地表，土壤墒情好或撒毒土后浇水效果更好（图 33）。

图 33　绿色防控模式，小麦吸浆虫，小麦孕穗期撒施毒土

（3）预防倒春寒。当天气预计有 3d 以上日平均气温低于 12℃时，每亩用 98% 磷酸二氢钾 200g + 0.01% 芸薹素内酯可溶液剂 15 ~ 20mL 对水均匀喷雾，增强小麦抗寒性。

5. 抽穗扬花期　重点防治蚜虫，挑治吸浆虫等，兼治叶蜂、黏虫等。重点防治赤霉病、白粉病等，兼治叶枯病、条锈病、秆黑粉病等。

（1）防治蚜虫。

①释放瓢虫。释放蚜虫天敌，当百株蚜量在 1 000 头以上时，放瓢虫量和蚜虫存量的比例是 1 ∶ 100；当百株蚜量 500 ~ 1 000 头时，放瓢虫量和蚜虫存量的比例为 1 ∶ 150；当百株蚜量 500 头以下时，放瓢虫量和蚜虫存量的比例为 1 ∶ 200。释放瓢虫时 1 人兼管 3 ~ 4 行小麦，走 2 ~ 3 步放几头，让它们自行分散，要根据算出的应放瓢虫量释放，努力做到释放瓢虫均匀。释放时间以傍晚为宜（图 34、

图 35）。此时气温较低，光线较暗，虫较稳定，不易迁飞。最好放成虫、幼虫混合群体。另外，可防治蚜虫的天敌还包括食蚜蝇、蚜茧蜂等，也有很好的防治效果。

②使用生物制剂。每亩用 150 亿孢子 /g 球孢白僵菌可湿性粉剂 15 ~ 20g，或每亩用块状耳霉菌 200 万孢子 /mL 悬浮剂 150 ~ 200mL，对水喷雾防治。

③科学用药。每亩用 25% 吡蚜酮可湿性粉剂 20 ~ 30g，或 25% 噻虫嗪水分散粒剂 8 ~ 10g，或 20% 呋虫胺悬浮剂 20 ~ 40mL，或 10% 吡虫啉可湿性粉剂 20 ~ 30g，对水均匀喷雾，保护瓢虫、草蛉、食蚜蝇等天敌。

图 34　绿色防控模式，蚜虫，释放天敌，瓢虫卵卡

图 35　绿色防控模式，蚜虫，释放天敌，瓢虫成虫

（2）预防赤霉病。当小麦抽穗扬花期遇 3d 以上连阴雨时，在小麦扬花初期（最佳时期为小麦扬花 10% 左右），每亩用井冈·蜡芽菌可湿性粉剂（蜡质芽孢杆菌含量 16 亿个 /g，井冈霉素含量 4%）100 ~ 130g，或 1% 申嗪霉素悬浮剂 100 ~ 120mL，或 0.3% 四霉素水剂 50 ~ 65mL，或 5% 氨基寡糖素水剂 75 ~ 100mL，或 6% 低聚糖素水剂 60 ~ 80mL，或 1 000 亿芽孢 /g 枯草芽孢杆菌可湿性粉剂 15 ~ 20g，或 25% 氰烯菌酯悬浮剂 100 ~ 200g，或 80% 多菌灵可湿性粉剂 60 ~ 80g，或 45% 戊唑·咪鲜胺水乳剂 20 ~ 25mL，或 50% 戊唑·多菌灵悬浮剂 50 ~ 60mL 对水均匀喷雾。

（3）防治白粉病、锈病。每亩用 1 000 亿芽孢 / 枯草芽孢杆菌可湿性粉剂 15 ~ 20g，或 75% 肟菌·戊唑醇水分散粒剂 10g，或 60% 嘧菌酯水分散粒剂 10 ~ 20g，或 30% 戊唑醇悬浮剂 10 ~ 15mL，对水均匀喷雾，7 ~ 10d 喷药一次。同时可兼治叶枯病等其他多种病害。

（4）病虫混合发生。

①以蚜虫、白粉病、赤霉病为主时，每亩用 1 000 亿芽孢 /g 枯草芽孢杆菌可湿性粉剂 15 ~ 20g 或 45% 戊唑·咪鲜胺水乳剂 20 ~ 25mL +25% 吡蚜酮可湿性粉剂 20g 或 21% 噻虫嗪悬浮剂 5 ~ 10mL，对水均匀喷雾。

②若麦叶蜂、黏虫等食叶害虫较多时，在上述配方中另加入 1.8% 阿维菌素乳油 10 ~ 20mL。

施药时，加入 98% 磷酸二氢钾 150 ~ 200g 和 0.01% 芸薹素内酯可溶液剂 15 ~ 20mL，可增加小麦抗逆性，预防小麦干热薹风，达到增产的目的。这一时期施药时，要采用大型施药器械开展统防统治，

图 36　绿色防控模式，一喷三防，统防统治，人工防治

图 37　绿色防控模式，一喷三防，统防统治，自走式机械防治

图 38　绿色防控模式，一喷三防，统防统治，大型施药机械防治

图 39　绿色防控模式，一喷三防，统防统治，无人机防治

确保施药均匀，提高防治效果（图 36 ~图 39）。

6. 灌浆期

（1）混合施药。灌浆期发生病虫为害容易造成小麦产量损失和品质下降，尤其是小麦抽穗扬花初期未防治或错过防治适期，此期更要针对小麦穗蚜、白粉病、叶锈病等主要病虫害进行防治。可以根据病虫发生的种类和程度，统筹兼顾，科学配方，混合作业，综合防治。

每亩用 12.5% 烯唑醇可湿性粉剂 40 ~ 60g 或 15% 三唑酮可湿性粉剂 70 ~ 100g 或 1 000 亿芽孢 /g 枯草芽孢杆菌可湿性粉剂 15 ~ 20g，加 25% 吡蚜酮可湿性粉剂 20g 或 5% 啶虫脒可湿性粉剂 40g，加 98% 磷酸二氢钾 200g，加 0.01% 芸薹素内酯可溶液剂 15 ~ 20mL，对水喷雾。

图 40 绿色防控模式，节节麦成灾田块

（2）人工除草。对于前期播娘蒿、节节麦、野燕麦等杂草防效不佳的田块，要在小麦灌浆前期、杂草籽尚未成熟落地前进行人工拔除，以减轻来年防治压力（图 40 ~图 42）。

图 41 绿色防控模式，节节麦，人工拔除现场（1）

图 42 绿色防控模式，节节麦，人工拔除现场（2）

（3）拔除病株。小麦成熟前（腥黑穗病症状明显时）进行大田普查，认真查治小麦腥黑穗病。零星发病田块人工拔除病株，远离田块集中烧毁；轻发田块剪除病穗统一烧毁，秸秆、麦糠等做柴火烧，重发田块禁止用秸秆、麦糠饲养家畜、堆沤粪肥，时间最迟应在收获前、小麦病粒破裂之前进行，防止收割时病菌孢子飞散蔓延，减少来年发病概率（图 43）。其他病害病株也应该结合田间人工除草、种子田去杂、浇水施肥等农业管理措施，进行人工拔除（图 44、图 45）。

图 43　绿色防控模式，小麦腥黑穗病，人工拔除病株

7. 小麦收获期　及时收获，减轻病害发生，同时麦收后及时深耕灭茬，促进病残体腐烂分解，消灭自生麦苗，压低越冬、越夏菌源。

图 44　绿色防控模式，小麦散黑穗病，结合种子田去杂，拔除病株（1）

图 45　绿色防控模式，小麦散黑穗病，结合种子田去杂，拔除病株（2）

第五部分 麦田常用高效植物保护机械介绍

一、地面施药器械

（一）常用施药器械产品性能及主要技术参数

1. 3WX-1000G 自走式喷杆喷雾机（图 1）

【性能特点】

（1）全液压行走、转向，操作省力。

（2）根据用户需求可以选配两轮或四轮驱动，配置后轮减震和前桥摆动，可以在崎岖不平的田地间畅通无阻。

（3）超高地隙，更好地适应了特殊而复杂种植模式的需求。

图 1　植物保护机械，地面机，小麦，3WX-1000G 自走式喷杆喷雾机

（4）整体采用门框式结构，作业时只有两行在作物间穿行，减小了对作物行距的要求；穿行结构轴距短、通过性好，可以适应小的行距作物。

（5）进口喷嘴，雾化均匀，减少农药使用量，降低农药残留，采用三喷头体的喷头，同时配有三种不同喷嘴，可以适应多种喷洒要求。

（6）配置变量喷雾控制系统，实时显示作业速度、工作压力、单位面积施药量、已作业面积等参数；可按照设定的单位面积施药量精准喷洒农药。

（7）进口隔膜泵，流量稳定，寿命长。

（8）采用射流搅拌结合回水搅拌，确保药液搅拌均匀。

（9）先进的电液结合控制技术，在驾驶室内即可完成喷杆的展开、折叠、升、降、左右平衡和喷雾开关，一人即可完成所有作业需求。

【主要技术参数】

整机净重：3 750kg；药箱容量：1 000 L；喷幅：16 m；轮距：

2 150 ～ 2 650 mm；最小离地间隙：2 400mm；驱动方式：液压后驱/四驱；转向方式：前轮转向；配套动力：65kW；工作压力：0.2 ～ 0.4 MPa；搅拌方式：射流结合回水搅拌；液泵流量：124.7L/min；喷头种类：进口扇形喷头；喷头数量：32 个；喷头流量 1 103（单个）：0.96 ～ 1.36 L/min；工作效率：≤ 170 亩/h；行驶速度：≤ 17 km/h。

2. 3WPZ-700A 自走式喷杆喷雾机（图 2）

【性能特点】

（1）喷杆折叠、升降采用液压控制，性能稳定。

图 2　植物保护机械，地面机，小麦，3WPZ-700A 高地隙自走式喷杆喷雾机

（2）四轮转向与两轮转向快速切换，高效便捷，压苗少；配备矫正系统，可实现快速调直。

（3）独特挂挡装置，便于操作。

（4）沿袭装载机车架和液压系统设计，抗破坏力强，经久耐用。

（5）进口喷嘴，雾化均匀，减少农药使用量，降低农药残留，采用三喷头体的喷头，同时配有三种不同喷嘴，可以适应多种农艺喷洒要求。

（6）进口隔膜泵，流量稳定，寿命长。

【主要技术参数】

整机净重：1 780kg；药箱容量：700 L；喷幅：12 m；轮距：1 520 mm，可调；最小离地间隙：1 050mm；驱动方式：四轮驱动；转向方式：四轮转向,可一键切换两轮转向,后轮可电动调直；配套动力：36.8kW；工作压力：0.2 ～ 0.4 MPa；搅拌方式：射流搅拌；液泵型式：隔膜泵；液泵流量：65.5 ～ 70.5 L/min；喷头种类：进口扇形喷头；喷头数量：23 个；喷头流量 1 103（单个）：0.96 ～ 1.36L/min；工作效率：

54 ~ 200 亩 /h；行驶速度：≤ 17 km/h。

3. 3WP-1300G 自走式四轮高地隙喷杆喷雾机（图 3）

【性能特点】

（1）柴油增压发动机功率大、动力强劲，进口液压变量泵压力高、流量大，四套进口低速大扭矩液压行走马达、四轮驱动，使该机动力强劲，行走、爬坡能力极强。

图 3　植物保护机械，地面机，小麦，3WP-1300G 自走式四轮高地隙喷杆喷雾机

（2）全液压行走系统，无级变速、行驶平稳无冲击、操作简单易学、劳动强度低。

（3）全液压转向，具有三种转向模式，转弯半径小、机动灵活。

（4）中空门框设计、超薄药箱、超高地隙、喷杆和驾驶室升降，不伤苗、损失小。

（5）液压调整轮距，操作简便，适用更广泛。

（6）进口自动变量喷雾控制器配以三喷头体及进口喷头，使作业更加精准，在提高防治效率的同时还能降低农药残留。

（7）在额定工作压力时，喷杆上各喷头的喷雾量变异系数小于 15%。

（8）在额定工作压力时，沿喷杆喷雾量分布均匀性变异系数小于 20%。

（9）药箱搅拌器搅拌均匀性变异系数小于 15%。

（10）进口隔膜泵效率高、寿命长，进口过滤器及管路接头防止跑冒滴漏。

（11）驾驶室内带有空调，驾驶室、整机、喷杆均配有减震装置，工作更加舒适，降低劳动强度。

【主要技术参数】

结构：门框式整机结构；药箱：容积≥ 1 300L，分布于整机两侧，整体滚塑；搅拌形式：回水搅拌、射流搅拌；离地间隙：2 350mm；轮距：2 200 ～ 2 700mm（液压无极调整）；配套动力：四缸水冷柴油机，发动机功率≥ 68kW；驱动：静液压四轮驱动；转向：全液压转向系统，两轮、四轮、蟹型转向；液泵：隔膜泵，液泵流量≥ 128L/min，压力≥ 2MPa；喷杆：液压伸缩喷杆，可以分节折叠，工作幅宽≥ 15m；喷杆高度调整范围：400 ～ 3 100mm；喷头：配 3 喷头喷头体，配有 03 型号防飘移喷嘴和标准扇形 02、03 型号喷嘴，喷头数量为 30 个。喷嘴间距 500mm；驾驶室：可升降 600 ～ 2 600mm、钢结构、密封驾驶室，空调。喷头流量（单个）：1.2L/min；最佳作业速度：3 ～ 8km/h；效率：130 ～ 180 亩 /h；最快行驶速度：28km/h。

4. 3WP-600GA 自走式喷杆喷雾机（图 4）

【性能特点】

（1）采用 36 774.95W 发动机，动力强劲，四轮驱动，机器的适应性能强。

图 4　植物保护机械，地面机，小麦，3WP-600GA 自走式喷杆喷雾机

（2）采用全液压转向机构，使用方便，减轻驾驶人员的劳动强度。

（3）可加装精准施药系统，减少农药使用量，提高农药利用率。

（4）配备防滴漏扇形喷头，具有喷洒均匀、效率高、省水省药特点。

（5）在额定工作压力时，喷杆上各喷头的喷雾量变异系数小于 15%。

（6）在额定工作压力时，沿喷杆喷雾量分布均匀性变异系数小于

20%。

（7）药箱搅拌器搅拌均匀性变异系数小于 15%。

（8）该机具有离地间隙高、适用范围广、喷头离地间隙调整范围广等优点。

（9）喷杆可选前置、后置两种，满足不同种植模式下作业需求。

【主要技术参数】

配套动力：三缸四冲程水冷柴油发动机，标定功率≥ 36 774.95W 过滤等级：3 级；液泵工作压力：2 ～ 3MPa；液泵总流量：80L/min；驱动方式：四轮转向，四轮驱动，前后同轨；喷幅：12m；药箱容积：600L；喷杆形式：喷杆前置，自动升降，带防碰撞保护装置，喷杆调整幅度 500 ～ 1 500mm；轮距：1 500mm；地隙高度：1 100mm；轮胎：充气轮胎；喷头数量：24 个；喷头流量（单个）：1.2L/min；作业效率：≥ 80 亩 /h；最快行驶速度：25km/h；附加功能：撒肥、精准施药、GPS 定位；驾驶棚：半封闭钢化玻璃驾驶棚。

5. 3WPZ-1000 水旱两用喷杆喷雾机（图 5）

【性能特点】

（1）大功率、多缸水冷柴油发动机，具有体积小、重量轻、易维护、使用成本低等性能。

（2）加长车体、拓宽轮距、重心下移，增强了作业时的稳定性及爬坡幅度。

图 5　植物保护机械，地面机，小麦，3WPZ-1000 水旱两用喷杆喷雾机

（3）减震充气轮胎、全封闭脱泥板、1 150mm 地隙高度、可调分垄器，不但减少了在泥田、湿地等环境下对作物的压损，而且实现了作物中后期病虫害快速防治作业。

（4）喷头具有防滴性能。

（5）在额定工作压力时，喷杆上各喷头的喷雾量变异系数小于15%。

（6）在额定工作压力时，沿喷杆喷雾量分布均匀性变异系数小于20%。

（7）药箱搅拌器搅拌均匀性变异系数小于15%。

（8）自吸加水、自动调整喷杆、四轮平衡驱动、四轮液压转向、前后轮迹同轨，单机单人轻松操作，适合于专业化统防统治组织以及规模化农场农作物病虫害防治。

【主要技术参数】

整机结构：前置驾驶，中置药箱，后置发动机；药箱：1 000L；发动机：36 774.95W；驱动方式：四驱；离地间隙：1 150mm；轮距：2 300mm；轮胎：充气式；喷杆后置，高强度焊接，全液压伸展及升降；喷头离地高度450 ~ 1 700mm；喷幅：18m；转向形式：四轮转向；喷头数量：35个；喷头流量（单个）：0.76 ~ 1.52 L/min；液泵流量：53.2L/min，带自吸水功能；效率：90 ~ 150亩/h；最快行驶速度：18km/h；倾斜及爬坡：小于30°；作业下陷值：小于或等于30cm正常行驶作业。

6. 3WP-500G高地隙自走式喷杆喷雾机（图6）

【性能特点】

（1）该机离地间隙1.2m，使用18 387.48W大功率柴油机，四轮驱动，四轮转向，通过性强，作业速度快。

（2）齿轮箱采用HST技术，驾驶操作更加便捷。

（3）重心分布均匀，行驶作业稳定性高。

（4）药泵采用意大利进口AR液泵，带有自吸

图6　植物保护机械，地面机，小麦，3WP-500G高地隙自走式喷杆喷雾机

水功能，5min 即可加满 500L 水。

（5）喷雾系统带有变量喷雾功能，可根据作业速度自动调整喷雾量，有效降低了农药使用量，低农残，更节省，更环保。

（6）在额定工作压力时，喷杆上各喷头的喷雾量变异系数小于15%。

（7）在额定工作压力时，沿喷杆喷雾量分布均匀性变异系数小于20%。

（8）药箱搅拌器搅拌均匀性变异系数小于 15%。

【主要技术参数】

整机结构：前置驾驶，中置药箱，后置发动机；药箱：500L滚塑材质；发动机：18 387.48W直列三缸水冷柴油机；驱动方式：四轮驱动，带差速锁；离地间隙：1 200mm；轮距：1 500mm；轮胎：充气轮胎；液泵：隔膜泵；液泵流量：126L/min，带自吸水功能；喷杆：喷杆后置，铝合金桁架，液压伸展，液压升降，升降高度450～1700mm；喷幅：≥15m；转向形式：四轮转向；喷头数量：26个；喷头流量（单个）：1.2L/min；最佳作业速度：3～8km/h；效率: 60～100亩/h；最快行驶速度：15km/h。

7. 3WP-2600G 自走式四轮高地隙喷杆喷雾机（图 7）

【性能特点】

（1）配备四轮驱动并带防滑，动力强劲；门框式整机结构，减少对作物的碾压。

（2）2 800mm 超高地隙，可满足小麦、玉米、大豆、花生、露地蔬菜等农作物施药需求。

（3）三种模式转向系统，灵活高效。

（4）配备精准施药

图 7　植物保护机械，地面机，小麦，3WP-2600G 自走式四轮高地隙喷杆喷雾机

系统，满足高精度施药，进口喷头，雾化均匀，具有防滴性能。

（5）风幕式气流辅助防飘移喷雾系统。抗风能力增强，减少农药飘移及损失，增大了雾滴的沉积和穿透，提高农药利用率；风幕的风力可使雾滴进行二次雾化，并在气流的作用下吹向作物；气流对作物枝叶有翻动作用，有利于雾滴在叶丛中穿透及在叶背、叶面上均匀附着。

（6）在额定工作压力时，喷杆上各喷头的喷雾量变异系数小于15%。

（7）在额定工作压力时，沿喷杆喷雾量分布均匀性变异系数小于20%。

（8）药箱搅拌器搅拌均匀性变异系数小于15%。

（9）驾驶室内带有空调，驾驶室、整机、喷杆均配有减震装置，工作更加舒适，降低劳动强度。

【主要技术参数】

药箱容积：2 600L，分布于整机两侧，整体滚塑；搅拌方式：回水搅拌、射流搅拌；离地间隙：2 800mm；最大作业速度：≥8km/h；轮距：2 200～3 300mm（液压无极调整）；配套动力：四缸水冷柴油机，119 360W；驱动：静液压四轮驱动带防滑系统；转向：全液压转向系统，两轮、四轮、蟹型转向；液泵：隔膜泵，流量≥278L/min；喷杆：液压伸缩喷杆，可以分节折叠，工作幅宽≥27m，可调范围400～3 100mm；喷头：配3喷头喷头体，配有03型号防飘移喷嘴和标准扇形02、03型号喷嘴，喷头数量为48个；驾驶室：可升降600～800mm、钢结构、密封驾驶室，空调；喷头流量（单个）：0.8L/min；最佳作业速度：3～8km/h；效率：200亩/h；最快行驶速度：28km/h。

8. 3WSH-500型自走式喷杆喷雾机（图8）

【性能特点】

（1）大功率、多缸水冷柴油发动机，具有体积小、重量轻、易维护，使用成本低等性能。

（2）加长车体、拓宽轮距、重心下移，增强了作业时的稳定性及爬坡幅度。

（3）耐磨实心轮胎、全封闭脱泥板、1 100mm地隙高度、可调分垄器，不但减少了在泥田、湿地等环境下对作物的压损，而且实现了作物中后期病虫害快速防治作业。

图 8　植物保护机械，地面机，小麦，3WSH-500 自走式喷杆喷雾机

（4）自吸加水、自动调整喷杆、四轮平衡驱动、四轮液压转向、前后轮迹同规，单机单人轻松操作，适合于专业化统防统治组织以及规模化农场农作物病虫害防治。

（5）喷头具有防滴性能。

（6）在额定工作压力时，喷杆上各喷头的喷雾量变异系数小于15%。

（7）在额定工作压力时，沿喷杆喷雾量分布均匀性变异系数小于20%。

（8）药箱搅拌器搅拌均匀性变异系数小于 15%。

（9）可选配充气轮胎、实心轮胎。

【主要技术参数】

整机结构：前置发动机，中置驾驶，后置药箱；药箱：500L滚塑材质；发动机：16 916.48W直列三缸水冷柴油机；驱动方式：四轮驱动，带差速锁；离地间隙：1 000mm ；轮距：1 500mm；轮胎：充气轮胎、实心橡胶轮胎；液泵：三缸柱塞泵；喷杆：喷杆前置，高强度铝合金支撑杆架，快速电机喷杆伸展，新型电推杆升降， 升降高度450 ~ 1 700mm；喷幅：12m；转向形式：四轮转向；喷头数量：22个，防滴漏喷头，进口扇形喷嘴；喷头流量（单个）：0.76 ~ 1.02 L/min；液泵形式：柱塞泵，压力0.8 ~ 1.2MPa；液泵流量：126L/min，带自吸水功能；最佳作业速度：3 ~ 8km/h；效率: 60 ~ 100亩/h；最快行驶速度：18km/h；倾斜及爬坡：小于30°；作业下陷值：小于或等于

40cm正常行驶作业。

9. 3WG-30悬挂式风送高射程喷雾机（图9）

【性能特点】

（1）在主喷雾喷口周围会产生不同的大气压，可以捕捉喷口周围的空气，增加出风口的实际风量，使喷雾风量更大，喷雾距离更高、更远。

图9　植物保护机械，地面机，小麦，3WG-30悬挂式风送高射程喷雾机

（2）50m水平喷幅，25m垂直射程，180°水平可调节喷洒角度，90°垂直可调节，喷雾范围更广。

【主要技术参数】

水平射程：≥50 m；垂直射程：≥25m；喷雾量：≥16.8 L/min；药箱容量：800 L；风机形式：离心式；喷雾泵工作压力：4 MPa；喷雾泵流量：≥70 L/min；喷头：圆锥雾，14个；配套拖拉机动力：≥59 680W；液压输出：2组；药液过滤系统：三级（药箱口+泵前+喷头处）；药液搅拌形式：高压射流搅拌；喷口水平转动角度：180°；喷口垂直转动角度：90°；洗手箱：15L；风量：18 m^3/h；叶轮直径：≥500 mm；最快行驶速度：30km/h；效率:80～150亩/h。

（二）常用地面施药器械使用注意事项

（1）作业前一定要确认各零部件是否已准确组装，检查各螺栓、螺母是否松动；打开管路总开关和分路开关进行调压，压力不能超过0.4MPa；每次作业完毕，将压力调节归零。

（2）田间作业时使用合理速度，切勿超速作业，通过水沟和田垄时减速通过；作业时注意各种障碍物，防止撞坏喷杆；严禁高速行驶。

（3）工作压力不可调得过高，防止胶管爆裂。

（4）操作机器时，手指不要伸入喷杆折叠处，避免发生意外伤害。

（5）风速超过 3 级、气温超过 30℃等，不宜作业使用。

（6）若出现喷头堵塞，应停机卸下喷嘴，用软质专用刷子清理杂物，切忌用铁丝、改锥等强行处理，以免影响喷雾均匀度和喷头寿命。

（7）配药时使用的水要洁净，如河水等自然水源，要经过沉淀过滤等处理后使用。

（8）不允许药箱内直接配药；更换不同类型药剂，需进行彻底清洗。

（9）正常作业时，喷头和作物高度保持 50cm（也可以根据农艺要求来定）。

（10）每季作业后清洗药箱及管路，并将隔膜泵清洗后加入防冻液，放置干燥温暖房间存放。

二、植物保护无人机

（一）常用植物保护无人机产品性能及主要技术参数

1. MG-1P RTK 植物保护无人机（图 10）

【性能特点】

（1）全自主雷达：实时检测周边障碍物，能检测到半径 0.5cm 以上的电线或障碍物，保障飞行安全。

（2）摄像头图传：123° 广角镜头，第一视角 FPV 摄像头，实现远距离实时图像传输、飞行打点，快速规划地块。

图 10　植物保护机械，无人机，小麦，MG-1P RTK 植物保护无人机

（3）精准喷洒：智能药液泵，根据飞行速度控制喷洒流量，实现精准喷洒。

（4）飞行安全：八轴动力冗余，一个电机损坏仍能保障正常飞行。

（5）夜间作业：双探照灯，保障夜间也能安全作业。

（6）一控多机：一个遥控器可同时操控五架飞机。

（7）多种模式：手动、自动和半自动多种作业模式，可根据不同田块选择不同作业模式，适应更多更复杂的田块和地形。

（8）坐标记忆：自动记录上次未打药位置，加药后飞行到指定位置自行打开继续喷施。

（9）智能监控：实时监控作业数据，后台轻松调取所有飞行参数和作业过程。

（10）智能遥控：3 000m 遥控距离，配备高清超亮显示屏，遥控器电池、天线可更换。

【主要技术参数】

标准起飞重量：23.9 kg；容积：10 L；标准作业载荷：10 kg；喷头：4 个 XR11001VS（流量：0.379L/min）；雾化粒径：130 ~ 250μm（与实际工作环境、喷洒速率等有关）；作业效率：1.04 ~ 1.5 亩 /min；日作业面积：300 ~ 400 亩；单架次作业面积：10 ~ 15 亩；悬停时间：9min；相对飞行高度：距离农作物蓬面 1.5 ~ 3m；喷幅：3 ~ 5m（风速 2 ~ 3 级）；测距精度：0.10m；高度测量范围：1 ~ 30m；定高范围：1.5 ~ 3.5m；避障系统可感知范围：1.5 ~ 30m，根据飞行方向实现前后方避障；定位系统：GPS+GLONASS（全球）或者 GPS+Beidou（亚太）。

2. P30 RTK 电动四旋翼植物保护无人机（图 11）

【性能特点】

可夜间作业、秒启停、断点续喷、作业轨迹监管、作业面积监管、作业区域管理、无人机远程锁定。

图 11　植物保护机械，无人机，小麦，P30 RTK 植物保护无人机

【主要技术参数】

标准起飞重量：37.5kg；最大载药量：15kg；有效喷幅：3.5m；喷头：4个离心雾化喷头；雾化粒径：85 ~ 140μm；适应剂型：水剂、乳油、粉剂；最大作业速度：8m/s（风速2 ~ 3级）；作业效率：80亩/h；单次飞行最大面积：30亩；相对飞行高度：距离农作物蓬面1.5 ~ 3m；满载飞行时间：12min；电机类型：无刷电机；电机驱动：FOC驱动；电机寿命：≥200h；定位方式：GNSS RTK；飞控型号：SUPERX 3 RTK；遥控系统：地面站系统。

3. 3WQFTX-10 1S 智能悬浮植物保护机（图 12）

【性能特点】

（1）柔性喷洒机构，在田间地头复杂情况下转场不易损坏，而在作业时又不失结构刚性，能较好地保证喷洒效果。

（2）内藏式电池固定方式，使整机结构更紧凑，满载和空载的重心变化较小，更有利于飞行，并且喷洒效果更理想。

图12　植物保护机械，无人机，小麦，3WQFTX-101S 植物保护无人机

（3）优化的整机结构使结构强度更大，进一步减少意外发生时的损失。

（4）外壳涂装彩画，远距离视觉好，增加可操作性。

【主要技术参数】

标准起飞重量：25.5 kg；容积：9L；标准作业载荷：9kg；喷头型号：015（流量：0.48 L/min）；数量：4个；最大作业飞行速度：6m/s（风速2～3级）；作业效率：1～1.2亩/min ；日作业面积：350～400亩；单架次作业面积：11～12 亩；悬停时间：5～6min；相对飞行高度：距离农作物蓬面1.5～2m；喷幅：4～5m（高度不同及逆风或顺风有所变化，风速2～3级）；测距精度：0.2m；定高及仿地：高度测量范围：0.5～10m；定高范围：0.5～10m；避障系统：可感知范围：3～5m；定位系统：单点GPS和RTK可选。

4. 3WQF120-12 型智能悬浮植物保护无人机（图 13）

【性能特点】

喷幅大且作业效率高，作业效果好，不用充电，加油即飞。

图13　植物保护机械，无人机，小麦，3WQF120-12 型植物保护无人机

【主要技术参数】

标准起飞重量：40kg；容积：12L；标准作业载荷：12kg；喷头型号：02（流量：0.63 L/min）；数量：3个；最大作业飞行速度：8m/s（风速2～3级）；作业效率：1～1.5亩/min ；日作业面积：400～500亩；单架次作业面积：10～15亩；悬停时间：30min；相对飞行高度：距离农作物蓬面1～3m；喷幅：4～6m（风速2～3级）；测距精度：0.5m；高度测量范围：1～10m；定高范围：1～10m；避障系统：可感知范围：0～30m；定位系统：单点GPS和RTK可选 。

（二）常用植物保护无人机使用注意事项

（1）飞行前要对机器进行全面的检查，检查飞机和遥控器的电池电量是否充足。

（2）飞行前检查风力风向，注意药剂类型和周边环境，确保无敏感作物和对其他生物无影响再进行作业。

（3）飞行时要远离人群，不允许田间有人时作业；作业时的起降应远离障碍物 5m 以上；10 万伏及以上的高压变电站、高压线 100m 范围内禁止飞行作业。

（4）严禁在雨天或有闪电的天气下飞行；当自然风速≥ 5m/s 时，应停止植物保护作业或采取必要的飞行安全措施和防雾滴飘移措施；下雨天气或预计未来 2 ～ 3h 降雨天气不可施药。

（5）一定要保持飞机在自己的视线范围内飞行。

（6）同一区域有两架或两架以上的无人机作业时，应保持 10m 以上的安全作业距离；操控员应站在上风处和背对阳光进行操控作业。

（7）随时注意观察喷头喷雾状态，发现有堵塞的情况要及时更换，并将更换下来的喷头浸泡在清水中，以免凝结。

（8）喷洒杀虫剂和杀菌剂时，每亩施药液量不应小于 1L；喷洒除草剂时每亩施药液量应在 2L 以上。

（9）为避免水分蒸发，药液飘移，须混配专用抗飘移抗蒸发的飞防助剂，混匀后施药保证药效稳定发挥。

（10）作业后及时清理药箱和滤网，施用不同药液需彻底清洗药箱。